小吃货
美食绘

品阅 主编

吃进
家常菜
的江湖

农村读物出版社

图书在版编目（CIP）数据

吃进家常菜的江湖 / 品阅主编. — 北京：
农村读物出版社, 2015.6

（小吃货美食绘）

ISBN 978-7-5048-5757-6

Ⅰ.①吃… Ⅱ.①品… Ⅲ.①家常菜肴－菜谱
Ⅳ.①TS972.12

中国版本图书馆CIP数据核字(2015)第079686号

策划编辑	李　梅	
责任编辑	李　梅	
出　　版	农村读物出版社	（北京市朝阳区麦子店街18号楼 100125）
发　　行	新华书店北京发行所	
印　　刷	北京中科印刷有限公司	
开　　本	880mm×1230mm 1/32	
印　　张	7.25	
字　　数	240千	
版　　次	2015年9月第1版　2015年9月北京第1次印刷	
定　　价	38.00元	

（凡本版图书出现印刷、装订错误，请向出版社发行部调换）

阅读指导

本书共分三章

最偷懒最拿
得出手的美味

1

难度闯关
人气菜

2

少不了的
下酒凉菜

3

每道菜中有

菜名、材
料、工具

做法、
小提示

"江湖门道" "香味大起
底" ——做菜的窍门和调
味的关键

"变身秘
籍" ——菜品
的变化招式

1

最偷懒最拿得出手的美味

目录

contents

2 难度闯关人气菜

3 少不了的下酒凉菜

最偷懒最拿得出手的美味

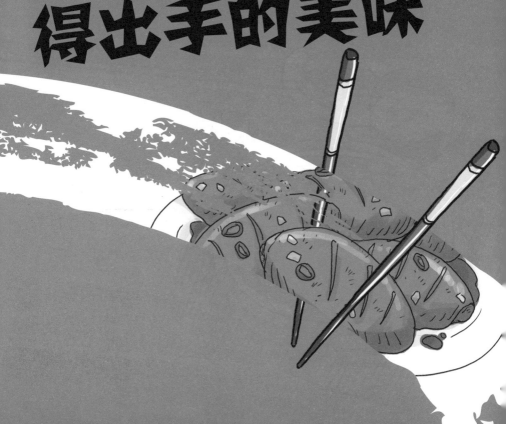

红烧肉

红烧肉，一向是国人的至爱，家常饭桌上少不了它，婚宴聚会席上也有它的一席之地。好的红烧肉油亮红润、异香扑鼻，夹起一块，Q弹润泽，在筷子上微微颤抖，咬上一口，入口即化，肥而不腻，瘦而不柴，其滋味可令人追想良久，即使是减肥美女正在节食中，红烧肉的诱惑也难以抵挡。小蛮腰可失，对红烧肉的挚爱却难改。心情不爽之时，给自己做一顿红烧肉，吃得饱饱的睡它一觉，醒来后便觉天清云淡~

菜谱全方位

材料

带皮五花肉500克左右

红糖、盐、料酒、姜片、葱段各适量

花椒、大料、香叶、干山楂片、茶叶少许

工具

炒锅1口

做法

1 　　五花肉洗净，姜切片。放入凉水中焯去血末。花椒、大料、香叶、干山楂片、茶叶装入一个纱布袋中。

2 　　将五花肉切成2厘米左右边长的块，放入开水锅中，焯好，控净水。

3 　　炒锅烧热，倒入凉油，放入几片姜煸炒。

◆ 油一点点就好，肉会出油。

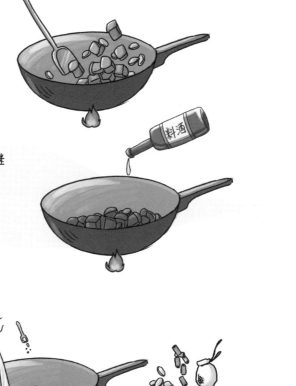

4

放入切好的肉块煸炒，煸到肉出油。

5

锅里倒入少许料酒继续翻炒肉块，去除腥味。

◆ 料酒能够去腥增香

6

另取干净锅，烧热后放入一点点油，放入少许红糖翻炒，糖熔化，变成枣红色，气泡由小变大便迅速倒入肉块，一起翻炒匀，加入开水，水以没过肉块为宜，加少许盐调味。

7

放入姜片、葱段和调料纱布袋放入锅中大火同煮，烧到滚开时撇去浮沫，盖上锅盖再改小火烧煮45分钟左右，尝一下咸淡，适量放盐调味。

◆ 如想汤汁浓稠，可出锅前大火翻炒收汤。

1. 选肉用五花肉。有些女孩子总觉得肥肉脂肪太高，做红烧肉时总想挑瘦的。其实啊，做红烧肉的肉也有讲究，太瘦了就是芦柴棒，太肥了又嫌腻，五花三层的五花肉最佳。

2. 肉要带皮。做红烧肉千万不要去皮，带皮才能更好地锁住肉里的水分，保持更Q弹的口感。

3. 处理芋头。很多人爱吃芋头，可不敢碰，因为芋头去皮容易让人皮肤痒痒的。芋头去皮有妙招。将芋头带皮洗净，在头上切下一块，拿牙签从切口处顺着芋头的纹路轻轻划拉，将芋头皮肉分离。最后，用手在另一头一挤，整个芋头就从皮中掉了出来。是不是很简单？如果不小心蘸上黏液手痒，只要放在火上烤一烤痒的地方马上就好。

　　　　　山药去皮时手痒也是一样处理~

小唠叨

香味大起底

　　这红烧肉为什么有的人做出来好吃，有的人做出来总欠了那么一点儿呢？别着急，让大厨来教你几招：

1. 肉在锅中小火煸炒，炒出油来，再倒掉，这样不至于做出来的红烧肉太过油腻。另外，小火煸炒也能使肉带有焦香。

2. 加水焖煮一定要加开水，这样才能激出肉的香味和营养成分。加水量要一次到位，不要边做边加，那样做出来的菜入不了味儿。

3. 茶叶和山楂片，这两样东西可是去腥除腻的利器，能够使肉更软嫩，还能增加菜品的清香。

4. 加红糖炒糖色。说到这一点很多人不理解，因为一般都用白糖或者冰糖，为什么用红糖呢？这是因为红糖补血效果好，比起白糖和冰糖来，更有一种天然的芬芳。

5. 口重的朋友，不妨在焖煮肉的时候加少量香菇老抽，这样更能增加肉香。

6. 一定盖上锅盖炖肉，要不香味都便宜了鼻子。

变身秘籍

中国人爱吃能吃，又心灵手巧，所以一方五花肉，能够变出各种不同的花样来。下面给大家推荐几种稍有变化并且十分受人欢迎的美味烧肉。

东坡肉

东坡肉就跟宫保鸡丁一样，看这名就知道发明人是谁了。传说这道菜由宋代大才子苏东坡所发明，他还有一首诗《食猪肉》，"……慢着火，少着水，火候足时他自美……"

做这道东坡肉有些讲究，需用上好的绍兴花雕。

1. 将五花肉焯水洗净后切块。

2. 取砂锅一只，用葱姜垫底，再将猪肉皮面朝下整齐地排在上面，加入冰糖、酱油、花雕，再放入葱结，盖上锅盖，开大火，待开锅后转小火，将砂锅边封好，用小火焖烧2小时。

3. 揭开砂锅，撇去油，将肉皮面朝上装入特制的小陶罐中，淋一点花雕，加盖置于蒸笼内，用旺火蒸30分钟。此时肉已酥透，入口即化。

小唠叨 花雕要分两次倒入，因为从砂锅上蒸笼时，先前的酒香已经散发得差不多了。这一次上蒸笼时，再淋入一点花雕，肉中会带有淡淡的酒香，也不至于酒味太重掩盖了肉香。

芋头扣肉

　　扣肉和烧肉看着类似，其实做法上还有很大差别。正宗的芋头扣肉做法非常讲究，下面给大家讲讲，自家做的时候可以偷懒，将个别工序跳过。

1. 将一块五花猪肉处理干净，加姜片、1颗大料下凉水锅煮开，撇去浮沫，煮到猪皮能够插进筷子，将肉捞出，趁热抹上饴糖糖浆。

2. 炒锅放油，烧至六成热，将肉皮朝下放入锅中，炸至金红色，取出控油，切成8毫米厚的片。腐乳绞碎，加入适量酱油、白糖、料酒尝好咸淡，与肉一起抓匀。

小唠叨　调料的用量要看肉的用量，腐乳用南方腐乳为好，放1~3块，肉的咸淡味就靠腐乳和酱油了。

3. 芋头去皮洗净，切成大厚片，入油锅炸成金黄色。

4. 找一只大扣碗，碗底抹一层猪油，一片猪肉一片芋头依次码整齐，大扣碗放入蒸锅，旺火蒸1小时，肉完全酥烂取出倒扣在盘中。

可乐鸡翅

可乐、鸡翅，这两样都市的年轻人都喜爱，很容易让人想到肯德基、麦当劳之类的食物。但那可是高脂的哟，多吃不健康！有空还是自己在家做吧。这道可乐鸡翅简单美味，包你快速上手，常做常吃。因为做法太容易了。不信？试试就知道啦！

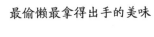

材料

翅中8只

蔥姜、干辣椒、盐、料酒、可乐适量

工具

普通炒锅即可

做法

1

将翅中洗净，在正反面都斜刀划几下，方便入味，也能更好地去血沫。蔥姜切末。

2 　　处理好的翅中放入凉水锅里，倒入适量料酒，大火烧开，煮两分钟，撇去血沫，将鸡翅洗干净捞出。

3 　　热锅冷油，烧至六成热，将葱姜末、干辣椒段和姜片放入爆香，然后放入晾干的翅中翻炒，炒至表面金黄即可。

4 　　倒入可乐，没过鸡翅，开大火煮沸，再转小火。

5 　　待锅中汤汁快要收干时，加盐调味，准备出锅。

◆ 简单不？得意不？就这样，一道美味的鸡翅就做得了，可以端出去向亲朋死党们炫耀啦！如果不喜欢辣味，只用姜片、可乐、盐即可。

微波炉蜂蜜烤翅

　　这绝对是懒人的最爱，方便省事，不用动锅铲，没有油烟熏，不用担心变成黄脸婆。

　　将鸡翅清洗干净后，用牙签在翅身上戳几个小洞，方便调料入味。将葱丝、料酒、盐、酱油、蜂蜜等拌成调料，把鸡翅放入，腌制1小时。将腌制好的鸡翅两面刷上蜂蜜，放入烤盘中，烤箱预热后，用200度烤10分钟，翻面再烤8~10分钟。

　　如果能每个鸡翅独立用锡纸包好再烤，那才肉汁鲜美。不过打开时小心点别烫着。

小唠叨

啤酒鸡翅

　　如果家里有喝剩了的啤酒怎么办？倒掉不合适，就这样放着，啤酒的有效成分都挥发了。我们就用这啤酒做一个美味家常的啤酒鸡翅吧。

1. 将鸡翅用清水浸泡半小时，去除血水，冲净晾干。
2. 锅里放入少量底油，加葱姜蒜爆香，放入鸡翅煎炒，倒入适量料酒和生抽慢慢煎，两面金黄时倒入啤酒，再放入适量的盐。
3. 大火烧开，转小火焖煮熟鸡翅。出锅前可大火收汁。

咖喱牛肉

　　咖喱，红的、黄的或者绿的，不管哪一种，都叫人口水滴答，腹中雷鸣。咖喱牛肉本来是印度、泰国菜，现在成了我们常见的一道菜。这道菜除了辛香可口、营养丰富，做法实在是太简单了。

菜谱全方位

材料

牛肉1000克、咖喱块2、3块

洋葱1个、胡萝卜2根

土豆2个、啤酒2瓶、盐适量

工具

不锈钢锅或普
通炒锅一口

做法

1

把所有材料都清洗干净，土豆、胡萝卜去皮，切块，洋葱切丝。

2

牛肉切成小方块，放入凉水锅中，锅中加花椒。待水滚开，血沫浮起后，撇去浮沫，再煮10分钟左右捞出控水。

3

锅中放入牛肉，放入洋葱、胡萝卜块和土豆块，倒入啤酒刚刚没过材料，中火，放入咖喱块，煮到咖喱块均匀与汤汁混合并沸腾。

◆ 啤酒的用量、咖喱的用量都要看食材的总量和个人的口味，"重口味"者可以多放1、2块咖喱。

4 火调小，煮到牛肉熟，胡萝卜熟软，土豆面面沙沙的，咖喱汤汁浓稠，关火，尝尝咸淡，适量调入一点盐。

香味大起底

1. 超市里卖的块状咖喱本身就是调过味的，用来煮咖喱牛肉已经很好了，不用加其他调料。

2. 若想做出来的咖喱更加香浓，可以少放点啤酒，加一罐椰浆，椰浆香香甜甜，放入咖喱中，中和了辣味。吃一口香香辣辣的，回味却又有几分清甜滋味，很带劲儿。

3. 吃咖喱牛肉一定要配上热气腾腾的白米饭，晶莹的米粒与咖喱汁混合在一起，让人胃口大开，两者是绝顶的佳配！

咖喱饭

咖喱饭可以利用冰箱里蔬菜的"边角料"制作一次没吃完的咖喱牛肉、吃剩的白米饭、土豆、洋葱、胡萝卜、西兰花、青椒等蔬菜都可、把菜加工成能吃的形状和大小、锅里放油，先放入菜们煸炒到八分熟，然后放入咖喱牛肉，稍稍淋点水，菜熟了牛肉也热了，盛出来浇在米饭上——只要不是把米饭放在冰箱里，夏天米饭都不用热，一份香喷喷的咖喱牛肉盖浇饭就好了。

另有咖喱鸡肉饭、咖喱猪排饭也是同咖喱牛肉一样炮制~我们的口号是：能举一反三的才是真达人！

红烧牛腩

　　牛肉是个好东西！牛里脊适合炒，牛腿的腱子肉适合
做酱肉，牛腩肥瘦相间，做红烧肉最棒！咖喱牛肉是舶来
品，红烧牛肉可是咱老祖宗世代传下来的佳肴，红烧牛肉
来到了，红烧牛肉面、番茄牛腩、土豆烧牛肉还会远吗？
会做红烧牛肉后可以变出太多花样了。

菜谱全方位

材料

牛腩1000克

大葱2根,姜片、花椒各若干,如有
草果1个、香叶2片、孜然1小勺、丁香几
颗更好

生抽、老抽、白酒、糖适量

工具

炒锅一口,也可以
用电炖锅、砂锅

做法

1

　　将牛肉冲洗净，切成方块，放清水冲洗。然后放入清水中，撒上花椒粒浸泡。

◆ 切多大块？看你喜欢。牛肉块烧煮后收缩后会变得比较秀气，做一次就知道了

2

　　将牛肉再次冲洗沥干水分。

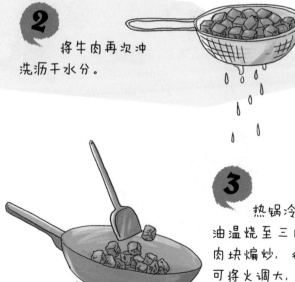

3

　　热锅冷油，开中火，待油温烧至三成热时，倒入牛肉块煸炒，待牛肉出水时，可将火调大，收干水分。

◆ 因为牛肉经过浸泡，里头含有大量水分，如果煸炒过程中出了太多水，还是倒掉一些的好，免得影响口感。

4

待牛肉变色、收干水分后，倒入白酒，放入大葱和姜片继续煸炒。然后倒入老抽和生抽，继续翻炒上色。

5

将火力调成中火，锅里倒入适量开水，以没过牛肉为宜。放入草果、香叶、丁香、糖，大火烧开后转小火，加盖炖煮2小时，至牛肉酥烂即可。

◆ 砂仁、豆蔻、肉蔻、陈皮等调料如果齐全更好，不过每样都只用一点就好，否则香料的味道会压过牛肉的香。

香味大起底

要想牛肉味道鲜香，可得注意以下几点：

1. 选材要选好。因为牛腩肉质细嫩，肥瘦相间，烧出来的菜味道鲜美，汁水四溢。像牛腱子肉那样富有弹性而且有很多筋膜的，更适合做酱牛肉。

2. 花椒泡水不可忘。牛肉切块后要放入清水中浸泡，去除血水，而在水中放入花椒，能够更好地去腥，并使牛肉更嫩。

3. 加盐调味一定要注意，一开始烧制时会有许多汤汁，到最后，汤汁都逐渐烧干，牛肉的味道会越来越浓。所以，千万要注意少放盐，淡了可以加盐或者生抽补救，咸了可就没辙了。

4. 剩下的汤汁千万别倒了，留着下一顿拌面条或者炖土豆、拌饭什么的，可又是一顿美味了。

牛肉炖萝卜

　　这可是一道常见菜，也是消食、养胃、顺气的绝佳美食。如果觉得脘腹胀痛、气息不顺，没有药时，喝碗牛肉萝卜汤兴许能够缓解。

　　先将牛肉洗净切块，放入凉水锅中焯水，打去血沫。将焯好水的牛肉捞起来晾在一旁，然后处理萝卜。萝卜去皮切滚刀块。葱切段，姜切片。

　　锅里坐油，烧至四成热时，入葱姜煸出香味，加入牛肉一同煸炒，炒至肉变色、水分煸干时，加入料酒翻炒一下，再加萝卜块一同翻炒。

　　倒入热水，没过食材一指深，大火烧开，转小火炖煮2小时，加盐调味，放入几粒枸杞子。一锅清香扑鼻、红白相间、色泽诱人的牛肉炖萝卜就做得了。

番茄牛腩

　　红烧牛肉做好后，放在冰箱里，做番茄牛腩时盛出点牛肉和汤，加热，番茄洗净切块，往锅里一放，再加点番茄酱，如果汤太稠就加点开水，番茄煮烂了就得了。

红烧鱼

红烧是特别家常的做法，红烧肉让人食指大动，红烧鱼也毫不逊色，锅里深红的汤汁咕嘟咕嘟地翻滚——那可是拌米饭的上好汤汁。红烧一定要用到酱油，放点豆腐多炖炖就成了垮炖，加上肥瘦肉丁和辣椒就成了干烧，怎么做都好吃。

菜谱全方位

材料

鲤鱼1条

小葱3根，姜片若干，蒜瓣数粒，冰糖几粒，花椒几粒，大料1朵

冰糖

酱油、醋、料酒、油、盐适量，新鲜朝天椒几根

酱油 醋 料酒 盐 油

工具

炒锅一口

做法

1

　　鲤鱼宰杀，刮去鱼鳞，剪去鱼鳍，抠掉腮，鱼的内脏从咽喉到肛门完整地去掉，洗净。鱼子、鱼鳔可以洗净留用。

◆ 很多人不知道，鲤鱼、青鱼等鱼的腮齿（也叫咽齿）很腥，收拾鱼时要注意撕掉，去掉腮之后，再往上抠抠，把腮和鱼头那一块相连的部位喀拉一声拽出来，你就会看到白白的像牙一样的东西了，撕掉它。另外，新鲜鱼一般内脏都包在筋膜里不会破，尤其注意不要碰破苦胆。

2

　　将鱼洗净，表面斜剌几刀，擦干鱼皮，尽量晾干一点；葱切段，姜、蒜拍散，辣椒切段。

3

炒锅先用姜片仔细擦拭一遍。热锅冷油，油烧至八九成热，将鱼放入油锅中，大火炸成金黄色，然后翻面，到两面都是金黄色，将鱼盛起来备用。

◆ 鱼皮一定要干，鱼肚子里的水一定控净，否则皮会黏锅底，并且爆油花容易烫人。如果总不怎么干，就稍微拍点淀粉在鱼皮上。

4

锅里留底油，放入辣椒、花椒、大料炸出香味，放姜、葱、蒜煎出香味，烹入一点醋，醋香四散后倒入酱油，酱油沸腾后，放入炸好的鱼，开大火，放入料酒、盐、冰糖，加入适量热水，水量半没过鱼身。

◆ 可以用生抽添味，老抽调色。

5

大火烧开，转中小火继续烧15~20分钟，汤汁黏稠时出锅。

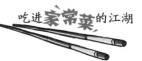

很多人怕煎鱼，因为怕煳锅，担心鱼会散架。只要掌握好窍门，一切担忧都不再是难题。

1. 鱼下锅前，要用厨房纸擦干或者晾干。

2. 锅用姜片仔细擦一遍，锅里油要多放，油温要热，这样鱼下锅才不容易粘住。

3. 煎鱼时不要随便用锅铲翻炒，可以晃动锅把，使鱼均匀受热，待到一面煎成金黄色方可翻面。

香味大起底

1. 鱼在死后3、4小时的时间里，味道是最鲜美的，鱼肉中的蛋白酶正在分解，味道更鲜美、肉质更细嫩。所以，煎鱼前要将鱼收拾干净，放料酒腌制三四个小时，这样做出来的鱼更鲜美，腥味也不那么重。

2. 烧鱼的过程中如果需要"翻身"，一定要先慢慢地把可能粘锅底的鱼皮铲起来，然后两手配合翻身，要不鱼肉容易散碎，"破相"了。

小黄鱼贴饼子

将玉米面、白面、黄豆面按照20：10：3的比例混合，再用温水调开酵母粉，加凉水至面重量一半多一点，慢慢倒入面粉中，混合均匀，分几次加水，揉成面团，饧2个小时。小黄花鱼处理干净后沥干水分，沾一层薄淀粉备用。锅中放油，将小黄花鱼放入锅中，中火煎至两面金黄。大柴锅烧热放油，加葱、姜、蒜爆香，再放入煎好的小黄花鱼，加盐、老抽和生抽调味，加入开水，大火煮开，转中火。将面团分成几份，逐个用手团成一小团，按贴在锅边上，二三十分钟，贴饼子和鱼熟了，就可
以开揭锅了。

清蒸鱼

清蒸鱼是一道名副其实的南方菜，北方人都觉得鱼太腥，只合浓油赤酱、烈火烹烤，像这样白生生的原味鱼，想着就寡淡。其实上，清蒸鱼的美味，绝不在红烧鱼之下，因为鱼未下锅煎炒，所以肉质特别嫩滑，蒸汽又将鱼的鲜味逼了出来，加上生姜去腥提鲜，其滋味妙不可言。做清蒸鱼，鲈鱼、鳜鱼、武昌鱼、鲫鱼都可以，钗肥燕瘦，各有风味。

菜谱全方位

材料

鲈鱼1条（约600克）

生姜一小块、小葱三四根、盐少许

蒸鱼豉油两勺、料酒少许、植物油适量

工具

蒸锅一口、
炒锅一口

做法

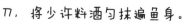

1

将收拾好的鲈鱼清洗干净，从鱼背上中缝处轻轻划一刀，将少许料酒匀抹遍鱼身。

2

葱切段，姜切丝，在鱼肚中塞一些，鱼身上下各放一些，留下一些备用。

3

蒸锅中烧半锅开水，水开后，将鲈鱼盘放入，盖上锅盖大火蒸七八分钟。

◆ 蒸鱼的时候，一定要等蒸锅里的水沸腾再上锅，盖严锅盖。如果鱼较大，蒸鱼时间应稍长些。

4

时间到，打开蒸锅盖，去除鱼身上的葱姜丝，倒掉盘中蒸出来的汁水，鱼放入另外一个盘子中，把剩下的葱姜丝放在鱼上，浇上蒸鱼豉汁。

◆ 蒸鱼时盘里出来的汁水比较腥，需要倒掉后再淋热油和料汁。

5

炒锅里入植物油烧沸，将热油均匀浇在鱼身上。口重者撒一点点盐。

◆ 也可以用小火热油，加几粒花椒炸黑，后浇到鱼身上。

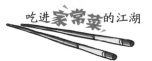

1. 收拾鱼的时候，从鱼背中缝处轻划一刀，这样可以防止鱼在蒸制的过程中破皮。
2. 在蒸制的过程中一定要在鱼身下垫一些姜块或者葱段，这样鱼容易熟透得更快，也能让鱼的外形更美观。

1. 做清蒸鱼的鱼鲜度一定要有保证。
2. 浇在鱼背上的油一定要滚烫，这样才能更激发出葱姜丝和鱼本身的香味。
3. 如果鱼比较大，从鱼腹向背部切开，只鱼脊相连，让鱼"趴"在盘子上，蒸时受热均匀。
4. 鱼的侧线通常比较腥，能明显看到侧线的最好去掉。

清烧鲈鱼

    这道菜同清蒸也差不太多，调味比较清淡，吃的是鱼的原始香味。沿着背脊剔下两侧的鱼肉，斜刀将鱼肉片成小块。香葱切段，姜切片，锅里放多一点油，烧至五成热时将鱼肉缓缓放入，滑油两三分钟，捞出沥去油。锅里留底油，烧热后放入葱姜爆香，再放入鲈鱼块，加入盐、料酒各种调料，加半勺热水，随意配一点菜心或笋片，小火烧煮片刻即可出锅。

三杯鸡

　　三杯鸡的来历说法不一，有说是广东菜，有说是台湾名菜之一，也有说是江西传统名菜。不过，这么多说法，也正好印证三杯鸡是多么受欢迎了。所谓三杯，也就是烹制的时候不放汤水，只用米酒一杯、猪油一杯、酱油一杯，故而名为三杯鸡。三杯鸡呈现诱人的酱红色，汤汁香醇，不论下酒还是送饭，都是绝好的下饭菜。

菜谱全方位

材料

鸡肉500克

蔥1根、姜1块、蒜几瓣、九层塔几片

米酒2杯、酱油半杯、植物油半杯、
小辣椒几个，盐适量

工具

炒锅

做法

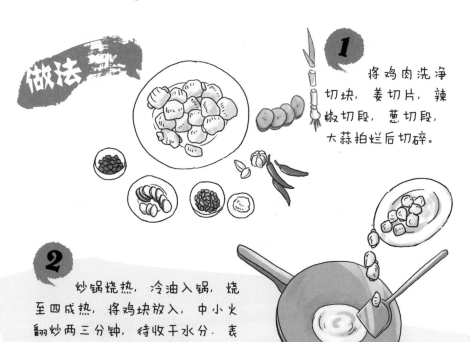

1 将鸡肉洗净切块，姜切片，辣椒切段，葱切段，大蒜拍烂后切碎。

2 炒锅烧热，冷油入锅，烧至四成热，将鸡块放入，中小火翻炒两三分钟，待收干水分，表面呈金黄色捞起，沥干油。

3 锅里留部分底油，加入辣椒和姜片爆香，倒入鸡块翻炒，再倒入米酒和酱油，大火烧开转小火焖烧。

◆ 注意不时翻炒一下，如果用米酒容易煳锅。

4 等到锅里的料汁快要收干时，放入蒜蓉和九层塔叶翻炒两下即可出锅。

香味大起底

　　既要美味，又要健康，三杯鸡本来要用一杯猪油，猪油虽然美味，奈何脂肪含太高，所以此处就将猪油换成了植物油，并减至半杯，炒制方法也变为鸡肉先入油锅煸炒，捞起来沥干油，锅里只留底油即可。另外还将酱油换成了半杯，一切都是在美味的前提下兼顾营养与健康。

　　如果口重，可以酌情再加一点点盐。

1. 三杯鸡的三杯中，很多地方是将是用香油的。不管用哪三杯，都是小火慢炖。

2. 最好用三黄鸡，九层塔不能少（九层塔又叫罗勒，与薄荷、迷迭香、等都是属紫苏科香草植物）。

变身秘籍

微波炉三杯鸡

将鸡块收拾好放入微波炉容器中，酌量加入上面的调料拌匀，高火三分钟。取出，加入罗勒叶拌匀，再入微波炉高火一分半钟。一道美味的鸡块就做得了。

番茄炒鸡蛋

　　番茄炒鸡蛋，啧啧，这是最最家常的菜了。如果一个人连这个菜都没吃过，那他肯定不是中国人。如果一个人连这道菜都不会做，那他肯定没下过厨房。如果妈妈不放心自己的孩子，怕他／她没得吃，她肯定会教孩子做两样——煮方便面，和番茄炒鸡蛋。

菜谱全方位

材料

番茄2个（400克左右）、鸡蛋3个

油适量、糖、盐适量、小葱一根

工具

炒锅

做法

1

番茄洗净，余烫去皮。切掉果蒂，将番茄切成块，月牙形、方块均可。

◆ 番茄去不去皮两可，去皮后炒好的番茄看上去整齐点，不去皮呢，番茄皮里有番茄红素，吃了没坏处，只是口感稍差。

2

小葱切成葱末。

◆ 葱放不放也两可，也可以放点蒜粒。

3

鸡蛋打在一个碗里，用筷子打散。

◆ 打鸡蛋谁都会吧？两根筷子略分开，匀速上下搅打。标准的打蛋结果是泡沫丰富，高高隆起~

4

热锅冷油，将油均匀荡开润满锅底，烧至七八成热，倒入打散的鸡蛋，炒至七分熟出锅。

5

锅里放底油，加入番茄块翻炒一两分钟，再加入鸡蛋，调入适量盐和少许糖，翻炒均匀，再撒入葱末，即可出锅。

◆ 糖要放，但放多少，自己要尝试，少放糖的保留了番茄的本味，但酸一些。

将家常菜做出至味是至高境界。一道家家都会做的番茄炒鸡蛋，论起来细节多多。番茄皮影响口感，就将番茄果顶处浅浅地划一个十字，然后，入沸水锅中汆烫10秒，轻轻一撕，皮就掉了；至于鸡蛋，从冰箱里拿出来最好在室温下静置半小时以上；还有番茄炒得老嫩直接影响这道菜的滋味。同样的番茄炒鸡蛋，不一样的滋味。

黄瓜炒鸡蛋

黄瓜切片，撒一点点盐拌匀，其余的工序都同番茄炒鸡蛋差不多。先炒蛋，蛋熟的时候加入黄瓜片，一同翻炒，加一点点盐调味即可。

香味大起底

1. 打鸡蛋的时候，可以在鸡蛋里滴两滴料酒，撒一丁点糖和盐，这样打出来的鸡蛋更松软。

2. 鸡蛋入锅时，可以边倒鸡蛋边用筷子搅拌锅中心的鸡蛋，不用锅铲，鸡蛋熟了，也散开成小块了，也能让鸡蛋更松软。

3. 锅一定要烧热，要保证鸡蛋一入油锅就能变色。鸡蛋入锅时要画一个圈，从四周向中间倒，因为锅底更热，并且鸡蛋会向中间流聚，所以先四周后中间。

4. 鸡蛋盛出后，再放一点油，油热后放入番茄翻炒片刻，然后放入鸡蛋，调入盐、糖翻炒。

5. 撒入葱末即可出锅。

 小唠叨

番茄有人喜欢吃硬一点的，就少炒一会儿，有的人喜欢吃酱一样的，就盖锅盖焖一下。

蚂蚁上树

蚂蚁上树，单这个名字就够叫人琢磨的。其实，这不过就是一道家常的肉末粉丝。你看，一根一根的粉丝像不像树权，点点的肉末是不是就是蚂蚁呢？想明白这个真要点想象力。不过蚂蚁上树对酷爱粉丝菜的人来说真是诱惑太大了——筋道的口感，本来没什么味道的粉丝被炒肉末的酱汁包裹好，美味无敌！

菜谱全方位

材料

干粉丝1小把、肥瘦相间的肉一小块

豆瓣酱一勺、油盐适量、味精少许

香葱2根、高汤适量

工具

炒锅

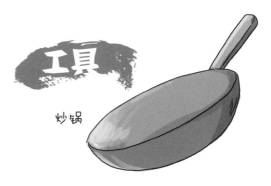

做法

1

粉丝用清水浸泡约40分钟，剪成段，沥干水分；肉洗净，切碎（不用剁）；将葱切成末；豆瓣酱剁细碎，成泥状。

◆ 懒人这里可以有省事的法子，直接准备点肉馅就行了。吃起来，小小的肉粒要比肉馅好吃。肉一定要选肥瘦相间的，这样口感更好

2

炒锅内放油，开大火，将肉末倒进去翻炒，用锅铲炒散，肉末被煸炒至金黄酥脆时，盛起备用。

◆ 炒肉末时要大火快炒，要把肉末炒成一粒粒的。炒肉末的油再来炒豆瓣酱，会更香。炒豆瓣酱的时候要开小火，不停翻炒，小心糊锅。

3 锅里留底油，将豆瓣酱倒进去翻炒搅拌，直到炒出红油来，加入一半的葱末，倒入高汤。

4 将肉末放进去，铺在锅底，然后再放入粉丝，大火煮沸再转小火，盖上锅盖焖煮一会儿。

◆ 高汤要正好没过粉丝，不能太多，也不能太少。如果高汤不够，可以再加一点儿。

5 发现汤汁快要收干，粉丝口感正好便可以关火，再撒上葱末，尝咸淡后适量加盐、味精，炒匀就能出锅了。

香味大起底

　　闻着香喷喷的肉末粉丝，我们再来回顾一下，这道菜之要点是：

1. 粉丝要用剪子或者刀弄断。如果粉丝太长了，不好翻炒。

2. 锅里先放肉末，再放粉丝。有肉末在底下垫着，粉丝不容易黏锅。另外，粉丝放下去的时候记得用铲子摁一摁，要让粉丝全都浸泡在汤里。

3. 最后收汤汁的时候，也不要太干，因为粉丝容易吸水，最好留一点点汁水，一炒拌这些汤汁也会干掉。

江湖
门道

　　做粉丝有诀窍，一定要注意：

1. 粉丝要用冷水泡，泡软了就要捞出来，一定要提前泡提前沥干，不然会容易黏锅。

2. 炒粉丝需要翻动时，如果有汤汁可以用筷子夹着翻，如果太干了就用锅铲。

酸辣白菜粉丝

　　这也是一个快手菜，如果提前泡发了粉丝，整个制作过程不过10分钟就能全部搞定。白菜洗净，切成丝，入开水锅里焯30秒，捞起沥干。锅里放油，加葱姜蒜爆香，倒入白菜，加盐煸炒，待白菜软后再加酱油和醋略翻炒。将泡好切段的粉丝放入锅里，加盐调味，翻炒两分钟即可出锅。

酸辣土豆丝

土豆丝老百姓常吃的菜，虽然被视为东北菜的代表之一，实则是各地方风味菜馆里的常备品种，便宜又好吃，做起来也方便。土豆丝是个快手小炒菜，做起来方便，吃起来爽口饱肚，变化也多，制作的难度指数与番茄炒鸡蛋差不多，简单得没悬念，是个很讨巧的菜式。

土豆2个

花椒数粒、干红辣椒3个

醋少许、油、盐适量、味精少许

刨子、炒锅

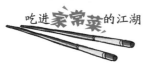

做法

1

土豆用刨子刨去皮，切成薄片，然后再切成丝。

2

切好的土豆丝放入凉水中泡一下，洗去淀粉，捞出沥干水分。

3

锅里放一勺油，凉油放入花椒，小火把花椒炸黑，放入干辣椒，干辣椒一变色，就放入土豆丝。

4 　快速翻炒土豆丝，看土豆丝变得有些半透明，放盐、味精炒匀，关火前淋点醋，略翻炒便可出锅。

香味大起底

　　炒土豆丝讲究的是旺火快炒，快速断生，这样出来的土豆丝才能又香又脆。鉴于此，就一定要做足准备工作。

1. 土豆淀粉含量太高，切好不洗很快会变色，并且入锅后会像勾了芡一样炒不开。

2. 花椒炸黑了，吃起来才香、不麻口。如果等不到炸黑，也可以炸一会儿捞出花椒不用。

3. 醋最后关火前放入，否则随着加温翻炒，醋的酸味会跑掉。

土豆丝讲究脆而挺、根根分明，当然，前提是要炒熟。但是土豆丝本身就是富含淀粉的，很容易下锅就炒煳了，成为一锅糊糊。想要根根分明的脆挺土豆丝，有几个先决条件：

1. 如果擦丝，别选最细的那档；如果切丝，可将土豆丝切掉一道边，用刀切面立在砧板上，这样土豆不容易滑脱，手更安全。

2. 切好的土豆丝要用清水冲洗，加清水浸泡，一来为了去掉土豆分泌的淀粉，二来是防止土豆丝被氧化。

3. 如果想土豆脆，除了别久炒，土豆丝下锅后早放醋。

变身秘籍

除了辣椒、醋，土豆丝和蒜、尖椒（青椒）都是绝配！

土豆丝

土豆擦成细丝，过水后，入烧热的油锅翻炒，断生后加盐、味精调味，关火，放入蒜粒炒拌匀。

尖椒土豆丝

土豆丝先入锅翻炒，断生后放入尖椒，用盐、味精调味即可。

咸蛋黄焗南瓜

　　人生总有这么多抵挡不了的诱惑，有时候，明知道不该，比如说，减肥的时候就特馋高脂肪高蛋白高热量的食物。咸蛋黄焗南瓜就是高蛋白高热量的食物，奈何实在美味，做法又简单。所以姑且这样安慰自己：这虽然是家常菜，可是不常吃，不要紧的，大不了，吃完了到公园里跑几圈。

黄金小南瓜半个、咸蛋黄3枚

油适量

◆ 这道菜的材料和工具都很简单，不用过分处理。

蒸锅、炒锅

做法

1 南瓜洗净去皮，
去籽瓤，切成条。

2 蒸锅里烧开水，南瓜条、咸蛋
黄一同放进去大火蒸至熟透取出（需
要十来分钟），沥去水，放凉。

3 咸蛋黄用勺子碾碎。

4

炒锅放油，开小火，倒入蛋黄碎翻炒。

◆ 放不放盐这个问题，大家就结合具体情况，自己斟酌啦。反正这是一道咸鲜甜口的菜。

5

等到蛋黄起泡沫时就将南瓜条倒进去翻炒。

6

待南瓜条均匀地裹上蛋黄，这道菜就大功告成了，关火，出锅！

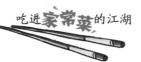

香味大起底

很多人都以为直接把南瓜条下锅炒，蛋黄也放进去翻炒就得了。可出来的南瓜半生，蛋黄都糊了，跟餐馆做的相去甚远。原来，南瓜是要预先处理的。焯水会冲淡南瓜的香甜，最佳做法是将南瓜和蛋黄都放入蒸锅中蒸透。南瓜的甜味不会损失，同时，蛋黄的香味都被逼出来，还有一部分渗透到南瓜中去了。再者，蒸过的蛋黄更容易碾碎。

江湖门道

这道菜真没什么门道可讲，本身材料就简单，做法也简单。如果南瓜条不下锅蒸也可以，多放油，在锅里煎熟也行，只是这样做太油，太不利于保持身材~

蛋黄苋菜

　　这是一道典型的南方菜。苋菜摘掉根蒂，用清水反复冲洗干净，放在漏勺上，沥干水。将咸蛋黄蒸熟，捣碎。蒜瓣拍碎，切末。炒锅里放入油，待油温六成热时，下蒜末炝锅，然后倒入苋菜。等到苋菜在锅中翻炒变色后，加入少许盐，略翻炒。加入咸蛋黄碎，翻炒均匀，即可出锅。

土豆泥焗南瓜

　　这道菜呢，美味且方便，技术要求不高，是一学就会的懒人常备菜。

　　土豆、南瓜（去皮）切块，大火蒸熟。火腿切丁，豌豆洗净备用。土豆晾凉后撕去皮。然后用勺子将土豆捣烂成泥（用料理机绞碎更好）。烤盘上放入锡纸，抹一层油，将火腿丁和豌豆混入土豆泥中，均匀地铺在烤盘上。然后将南瓜一块一块地铺在上面。最上面撒一层奶酪丝或者奶酪片。烤箱200℃预热后烤15分钟即可出炉。

松仁玉米

　　每次提说起这道菜总会想起松鼠——香甜诱人的松子，糯香甜软的玉米粒，让人吃起来难停口，就像捧着松果啃个不停的小松鼠，萌死了。如果赶时间又肚子饿，正好做这一道菜来充饥，简单方便，省时省力，营养健康又好吃得不得了。

一、罐头速食版

罐装甜玉米粒150克

罐装甜豌豆100克、熟松子仁100克、油盐适量、水淀粉适量

工具

炒锅

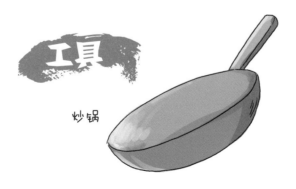

做法

1

打开罐装甜玉米粒和罐装甜豌豆，取出合适的用量，冲洗干净，沥干水分。

◆ 如果用生松子，就把炒锅烧个三四成热，倒入，慢慢焙熟。

2

锅里倒油，开中火，将甜玉米粒、甜豌豆粒倒入翻炒两分钟，加盐调味，然后撒上焙熟的松子仁炒匀，用水淀粉勾薄芡，芡熟即可出锅。

二、升级家常版

新鲜的甜玉米棒1根、松子仁100克

油盐适量、牛奶3调羹

工具

炒锅

做法

1

将松子仁放入炒锅中焙熟。松子仁变作微黄，泛出油光时，就能够盛起了。

2

将玉米棒剥掉外皮，用刀切掉顶部。从顶部被切断的部分开始，用手将玉米粒剥下来。

3

锅里倒油，六成热时倒入玉米粒，翻炒一分钟，加盐调味，倒入3调羹牛奶翻炒均匀。

4 等到牛奶快炒干时，将松子仁撒在上面。关火出锅。

香味大起底

　　因为这道菜突出的就是鲜香清甜的味道，刚好松子和玉米都是亮眼的黄色，如果想要在配色和营养上更丰富，可以加入豌豆、黄瓜丁、胡萝卜等。如果你做什么菜都爱加青、红椒，就要注意了，这道菜不要用彩椒，味道不谐调。

　　另外，玉米一定不要煮熟了再剥，煮过的玉米粒没有鲜剥的香甜。

1. 先坚持掰一列玉米粒，然后一列一列地掰开玉米粒，掰得又干净又整齐。
2. 松子仁可以入炒锅小火焙熟，也可以放在烤箱里烤熟，口感都很香甜。松子仁的油分太大，吃松子一定要适可而止，否则会很感油腻。

黄金鸡脯肉

　　将玉米粒剥下来，鸡脯肉洗净，切成小块，用料酒腌5分钟，再加入淀粉拌匀。锅中烧热油至六成热，开大火，将鸡脯肉放入快速翻炒，至肉变色时放入玉米粒，加盐调味，再翻炒2分钟即可出锅。

豆豉鲮鱼油麦菜

咸淡搭配，荤素搭配，营养合理，高蛋白低脂肪。油麦菜本身有些涩口，鱼罐头有点重口，但是两者搭配在一起，油麦菜的清爽冲淡了油腻，而鱼罐头的油脂又化解了油麦菜的那股生涩味，可谓天作之合。

菜谱全方位

材料

豆豉鲮鱼罐头一盒. 油麦菜300克

姜几片. 蒜3. 4瓣. 油1小勺

工具

炒锅

做法

1 将油麦菜一片一片摘下来，洗净，晾干水；姜切丝，蒜拍碎再切成蒜末。

2 打开鱼罐头，将鱼连同汁一起倒出一半来，用筷子或者戴上手套将鱼撕成条，把主刺去掉。

◆ 吝啬鬼多嘴一句，一盒鱼罐头一次用不完，用一半就够了。剩下的一半放冰箱里盖上保鲜膜，下顿可以再用。

3 热锅凉油，开大火，四成热时放入姜丝和蒜末爆香，连汤汁将鲮鱼和豆豉倒入煸炒，至香味散发出来，便将油麦菜倒入，翻炒半分钟，油麦菜裹匀豆豉鲮鱼的汤汁后关火即可。

◆ 码盘时可以先盛出油麦菜，再把豆豉鲮鱼干货倒在油麦菜上面。

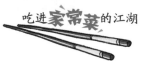

江湖门道

　　油麦菜很容易粘上泥沙和虫卵，所以清洗的时候一定要注意。先将油麦菜整棵冲洗一两遍，去掉浮土和大部分泥沙，然后放入菜盘里，用淡盐水浸泡10分钟。之后捞起来再冲洗，将叶子一片片撕下来，逐一清洗干净。

　　另外，油麦菜虽然好吃，可是性寒，所以阳虚怕冷及胃寒的人应该少吃。

香味大起底

1. 这道菜一定要大火快炒，待鲮鱼的香味散发出来便可倒入油麦菜。

2. 豆豉鲮鱼在超市里都有卖，有各种风味，可以自由选择。

3. 因为豆豉鲮鱼本身就有咸味，所以是否放盐，放多少，得依个人口味而定。生抽之类味道太重，容易盖过油麦菜本身的清香，不用也罢。

麻酱油麦菜

　　油麦菜用水冲洗干净，晾干，切成长段。芝麻酱加入凉白开，用筷子沿一个方向搅拌，使芝麻酱和清水融合稀释，看情况分几次加水调匀。在调匀的麻酱汁里加一点点盐调味，也可以按自己的口味加点醋，油麦菜往麻酱碗里蘸一下就送嘴里了，香甜无比。

清炒油麦菜

　　这也是一道入门菜，准备好油麦菜和蒜末。锅里倒油，烧五成热时倒入油麦菜，翻炒几下后加盐调味，再翻炒均匀，看到油麦菜已经变成油亮的绿色，放入蒜末关火，炒匀就可以起锅了。喜欢蒜香的就关火时放，不喜欢的就炝锅用。

西芹百合

这道菜看起来就让人心情愉快，西芹翠绿油亮、百合洁白素雅，如果再加上几粒枸杞，颜色就更漂亮了。颜色好，味道也清爽宜人，烹饪只用油和盐，西芹爽脆咸鲜，百合莹润清甜。因为西芹能够清热平肝健胃，百合可以润肺止咳、清心安神，所以特别适合夏秋季节食用。

菜谱全方位

材料

鲜百合1个、西芹250克

枸杞十来粒、油盐适量

工具

炒锅

做法

1

将鲜百合一瓣瓣剥开，洗干净，沥干水；西芹洗净，撕掉老筋，斜切成片；枸杞洗净备用。

2

炒锅放油，烧至七成热，稍大火放入芹菜翻炒1分钟，倒入百合继续翻炒。

3

等到百合边缘变透明的时候，加盐调味，然后再撒入枸杞，翻炒均匀即可关火。

香味大起底

西芹和百合都是可以生吃的食物，也非常容易熟。所以这道菜要大火快炒，西芹翻炒几下就行了，否则失去爽脆的口感。百合更是，只要看到边缘略透明就可起锅，盛盘之后，利用菜的余热都能将百合焖熟。

江湖
门道

芹菜是最佳的减肥食谱之一，富含膳食纤维，有特殊的清香；鲜百合有特殊的生物碱，对人体有极佳的药补功效，尤其适合在干燥的秋季食用。挑选百合时需注意，最好要选择新鲜色白、单颗较大、少斑点的。

变身秘籍

西芹虾仁

做这道菜，一得注意虾的处理，二得注意掌握火候。

姜拍碎，切成末；虾仁用牙签挑去沙线，冲洗干净。然后用厨房纸吸干表皮的水分放入碗中，放入姜末、一小勺料酒、一小勺干淀粉和克盐，搅拌均匀，放入冰箱里冷藏半小时以上。

热锅凉油，油温六成热时放入虾仁煸炒至变色，放入西芹翻炒均匀，加盐调味，继续翻炒半分钟即可。

腐乳通菜

通菜，也就是空心菜。这也是一道典型的南方菜式，操作很简单，从准备到出锅，10多分钟就行了。如果你能接受腐乳的味道，你就能领略它的美妙之处了。咸鲜的腐乳汁裹着碧绿油亮、口感清脆的空心菜，对味蕾是个不小的冲击。

空心菜250克、腐乳1块（小块的）

腐乳汁2勺、蒜瓣4粒、油盐适量

工具

炒锅

1

　　将空心菜洗干净，摘去黄叶，掐去老茎。将叶子掐下放一处，嫩茎放砧板上切成段，另外盛放；腐乳和腐乳汁放碗里，腐乳捣成小块，加一点水调匀；蒜瓣拍碎，切成末。

2

　　热锅凉油，油温四成热时倒入一半的蒜末炝锅，放入嫩茎大火翻炒均匀。

3 再放入菜叶继续翻炒。

4 将调匀的腐乳连同汤汁一起倒入锅中。

5 翻炒均匀，撒上剩下的蒜末翻匀即可出锅。

江湖
门道

无论多简单的菜，新手和大厨的做法会略有差异，而极致的美味，就在这些差异中体现。

1. 通菜的叶子特别容易熟，所以要将叶子和茎分开，先炒茎，后放叶子。

2. 炒这道菜要稍微多点油，油少了，通菜容易发黄打蔫。还要注意旺火急炒，断生了就可调味出锅。否则菜就炒过头了，口感不好。

3. 因为通菜性寒，所以美味也要适可而止，不要吃太多。

香味大起底

1. 蒜末分两次下锅，第一次是为了炝炒出香味，第二次是为了更好地提香。分两次放，香味更有层次感。

2. 腐乳和腐乳汁一定要事先调匀，这样炒菜的时候才不至于手忙脚乱。因为汁太浓，可以加入少许凉白开。腐乳是咸的，不用再放盐。

变身秘籍

尝试了一个简单清爽的腐乳通菜，我们再来一道重口味的吧，腐乳肉。这道菜咸鲜香浓、肥而不腻、瘦而不柴，别有一番滋味。当然，做法上嘛，自然也升级了哟。

腐乳肉

五花肉洗净切块，焯水；红曲米加水熬成汤汁；姜切片，葱打结。锅内放油烧热，放入姜片，五花肉翻炒两分钟，倒入开水，水位刚好没过肉，放入八角、桂皮、葱结、腐乳、红曲米汁，开大火，烧滚后转小火，炖煮1个小时。等到锅中汤汁浓稠时，捞起肉，皮朝下扣在大碗里，将锅里剩余的汤汁淋在肉上，放入蒸笼大火蒸半小时，肉完全酥烂取出。将蒸好的肉扣在盘子里，肉皮朝上。滗出肉汁，倒入炒锅中大火烧浓，再倒入少许香油，适当加盐调味，淋在肉上即可。

肉片炒苦瓜

　　苦瓜，有的人极爱，有的人极厌恶，原因无它，都因一个苦，喜欢苦瓜的人会说，苦过之后是甜，苦香味沁人心脾，很能消火提神。苦瓜凉血解毒、润肺生津，适合炎热的夏天。常吃苦瓜，你会觉得自己皮肤润泽许多，脸上的痘痘好像也没有那么恼人了。

菜谱全方位

材料

苦瓜2根. 猪瘦肉100克

油盐适量. 胡椒粉少许

蔥姜蒜适量. 淀粉少许

工具

炒锅

1

将苦瓜洗净，剖开去籽，刮掉白瓤，切成斜片；猪瘦肉洗净，放入清水中浸泡半小时以上，洗净血水，切成片，加勺淀粉、一点点胡椒粉、盐抓匀；葱姜蒜切成末备用。

2

炒锅烧热，放油，油温五成热时放入葱姜蒜末炒出香味。

3 放入肉片快速翻炒，看到肉片变色断生时，放入苦瓜，翻炒均匀后加盐调味，再翻炒一两分钟即可出锅。

◆ 有人喜欢吃清香爽脆的，苦瓜入锅后快炒断生就关火；有人喜欢吃烧的稍微软一点的，就盖上锅盖稍微焖一下。

变身秘籍

红辣椒拌苦瓜

　　将苦瓜洗净切片，放入少许盐腌制半小时以上，待苦瓜的汁水出来后，可滗掉汁水，这样可去除苦瓜的青气和涩味。辣椒切丝，放盐腌2小时以上，盐要多放一点，否则压不住辣味。腌渍出来的汁水也滗掉，红辣椒倒在苦瓜里，滴入香油，放一点蒜末，搅拌均匀。一盘红绿相间、爽脆可口的红辣椒拌苦瓜就做得了。红辣椒不甚辣，反倒带着丝丝甜味，苦瓜不甚苦，又透着清凉之气，是下饭下酒的道地好菜。

香味大起底

1. 如果肉是直接从冰箱中拿出来的，需要解冻，最好是放到碗中，加清水浸泡。这样比微波炉解冻的味道好很多。肉解冻、洗净切片后，加入姜丝、盐和料酒腌制半小时，这样肉炒出来才更香更入味。

2. 如果觉得苦瓜太苦了，可以放泡水后放冰箱里冰一下，苦味儿就能去掉大半了。

江湖门道

　　苦瓜籽和瓤要挖干净。苦瓜瓤和瓜肉中间的那一层稍硬的淡绿色瓤肉是苦瓜之苦的来源，当然，也是最清凉解毒的部分。为了口感和味道更佳，可以将那一层瓤肉掏掉。若更重清凉功效，还是留着那一层瓤肉吧。

炸藕盒

　　小时候，特别盼着过年，因为过年就有各种各样的好吃的，果子、麻花、橘子，妈妈会在家灌香肠、蒸排骨、炸藕盒、炖肉、包饺子……现在，年味儿越来越淡了，鞭炮声已经不能吸引我们的注意，各种美食想吃就能吃到，不用等到过年了。可饺子、鞭炮、藕盒是无法抹去的"年"的记忆，并且餐馆的藕盒怎么也不如自己做的好吃……

菜谱全方位

材料

藕2节（600克左右）、猪肉250克

面粉适量、淀粉适量、泡打粉小半调羹、酵母粉小半调羹

油盐适量、小葱1根、姜1小块、香油适量、白胡椒粉少许、温水适量

工具

炒锅

做法

1 先将等量的面粉与淀粉放入温水中调成糊，捏入一小撮泡打粉和一小撮酵母粉，调匀，放到温暖湿润的地方半小时左右。

◆ 北方人多喜欢在面糊中放点酱油或五香粉。调肉馅也一样。

2 葱姜切末，藕去皮，切夹刀片。

◆ 所谓的夹刀片就是，第一刀不切断，第二刀切断，第三刀不切断，第四刀切断……总之，保持两片两片的藕能够连在一起。

3 将猪肉洗净沥干，剁成肉末，加入葱姜末，用筷子顺着同一个方向搅拌，直到肉馅上劲，再加入调羹料酒、半调羹香油和适量盐，搅拌，直到搅上劲。

4

取莲藕，将肉馅夹在中间，轻轻压上。所有藕片依次夹上肉馅；将面糊取出，调入少许盐和胡椒粉，拌匀。

5

热锅凉油，油要多放，中火烧至油温五成热。

6

将夹好肉馅的藕在面糊里蘸裹一下，放入油锅中，炸到表皮金黄时就可以起锅控油了。

江湖
门道

肉馅嘛，最好是七分瘦三分肥的，口感滑润，加调料的时候，要分批次加进去，每加一样后就搅拌一下，这样出来的肉馅比较细腻。

变身秘籍

炸茄盒

炸茄盒与炸藕盒就像是一对姐妹花，一样鲜美，不同的是炸藕盒吃起来外酥里脆，咬着嘎嘣脆，而炸茄盒是外酥里嫩，里头的茄子嫩得可以用嘴吸了。炸茄盒的做法与炸藕盒类似，只是将材料换了。聪明如你绝对无需我们重复~

香味大起底

　　炸藕盒好吃的关键就在于外面的酥皮，酥皮好吃，得先调好面糊。这道菜里不是直接调了面粉就下锅，而是事先将面糊加入泡打粉和酵母粉，用温水调开。凉水很难将酵母粉化开，热水又会烫死酵母的活性菌，使之无法发酵。如果家中没有合适的环境，可以先在微波炉或者电饭锅里放一杯开水，再将面糊也放进去，这样就做好一个小温室了。等到半小时左右，面糊发酸，表面起小泡就行了。

　　面糊不要调太稀，否则藕片挂不上。

咕咾肉

咕咾肉，也称"咕噜肉"，是"老外"们最熟悉、最喜欢的中国菜之一。咕咾肉主料是猪肉，酸甜开胃，外酥里嫩，咬上一口，满满的幸福感，盖住了心里的那点大块吃肉的"罪恶感"。现在流行咕咾肉里加菠萝，使整道菜的口味又提升了许多，酸酸甜甜、清新爽口的肉里透着浓郁的果香，叫人欲罢不能。

五花肉1块250克、鸡蛋1个、菠萝肉1/4个

红椒1个、番茄酱3勺、洋葱小半个

淀粉、面粉、料酒、生抽1勺、米醋2勺、糖2勺、盐适量

工具

炒锅

1

将五花肉洗净，浸泡出血水，去皮，切成块，加入生抽、料酒、胡椒粉和盐拌匀，腌制30分钟。

2

红椒洗干净，切片；洋葱切块；鸡蛋打在碗里，搅匀；菠萝肉切成薄片，放入盐水中浸泡15分钟，捞起沥干水。

◆ 菠萝不泡盐水会麻口。

3 取一个小碗，放入2勺番茄酱、糖、盐、米醋、淀粉和清水调配成糖醋汁。

4 在蛋液里加入1份面粉、2份淀粉，搅拌均匀。将腌制好的肉块放入面糊中粘匀。

◆ 可以都用面，比较实惠，但欠酥脆；最常用的是面和淀粉混合，可以不加鸡蛋。

5 热锅凉油，小火烧至六成热时，用筷子一块块将肉放入，炸熟，再转大火炸成金黄色，赶紧关火，捞起沥干油。

6 等炸好的肉凉了，将锅里的油重新烧热，将刚炸好的肉再炸片刻，捞起沥干油。

7 锅里只留少许底油，大火烧热，将红椒和洋葱放进去爆香，倒入调好的糖醋汁，等汁水沸腾放入菠萝片翻炒均匀，再将炸好的肉倒进锅里，快速翻匀，每块肉都能裹满芡汁就立刻关火。

江湖门道

咕咾肉的糖醋汁不可太多，肉入锅都蘸满汁即可出锅，否则外皮会变软。

另外，菜虽然好吃，可有肉、又甜、又油炸，确实是油腻、高热量，所以不可过食。

香味大起底

1. 肉要用小火炸熟，再转大火将外皮炸至金黄，这样才能将肉里的油都逼出来，也能使外皮更酥脆。

2. 菠萝遇热会释放酸味，番茄酱也较酸，所以调料汁里糖的用量要比一般菜稍大。

猪肉炖粉条

　　刚做了一道酸甜酥脆的粤式咕咾肉，我们再来一道酱香浓郁的北方风味猪肉炖粉条吧。

　　将干粉条放入温水中泡软，五花肉处理干净切成块。锅中坐水，五花肉焯水后捞起沥干。炒锅放油，爆香大葱、姜和蒜，然后倒入五花肉煸炒出油，即刻加入生抽、老抽、八角、香叶、几块冰糖翻炒，倒入开水，刚刚没过肉。大火烧开，撇去沫后转小火，加盖炖至肉熟，揭开锅盖，放入粉条，稍大火，待沸腾后转小火，加盐调味，继续炖至粉条筋道、肉熟烂。

比较第一部分的偷懒人气菜，下面这些菜的难度可是有所提升呢。不过，就跟打怪一样，既然攻克了第一部分的那些菜，你自然会信心大增，摩拳擦掌、踌躇满志。来，我们一一看过去~

难度闯关
人气菜

2

手撕包菜

　　手撕包菜口感爽脆，略带焦香，清甜可口。手撕包菜想要做好也是不那么容易的，外面餐馆吃到的手撕包心菜都不一样，有的干巴巴，有的难入味，有的像熬菜。还是自己做比较稳定。

材料

包菜一小颗

干辣椒3、4个、姜1块、蒜3、4瓣

糖少许、盐适量、醋半勺、生抽半勺、花椒1勺

工具

炒锅

做法

1

将包菜撕去外面的老叶子，放入清水中浸泡20分钟，撕成大片，用水冲洗干净，沥干水分。

2

干辣椒切成段；蒜瓣拍扁，再切碎；姜切片。

3

热锅冷油，开小火，放入花椒，小火慢慢炸香。

◆ 炒这个菜放油比一般炒菜稍多一点才好。可以试试用猪油，又是一种风味。

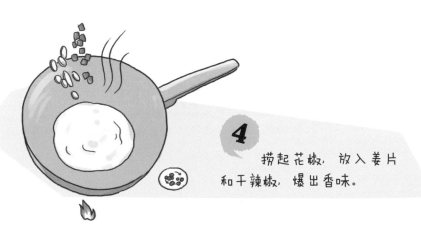

4 捞起花椒，放入姜片和干辣椒，爆出香味。

5 开大火，包菜放入锅中爆炒，至断生便可加入糖、醋、生抽盐和蒜末，等翻炒均匀后马上关火。

◆ 口重的话用老抽也没问题，一点点即可。

包菜炒粉丝

　　这道菜比起手撕包菜来要更清爽一点儿，水分更大一些。先将包菜洗净，切成细丝。粉丝泡发半小时后洗净，沥干水。锅里放油，加入姜丝和肉末小火煸炒，肉末煸炒出油分来，便放入粉丝略翻炒，然后倒入包菜丝，转中火，翻炒均匀后，加入盐和少许醋，继续翻炒，至菜熟便可盛起来。

包菜炒饼／炒花饭

　　将粉丝换成细细的大饼丝，这就是北方特色炒饼了。南方更多的是炒花饭。锅里放少许油，加入肉末、木耳丝、胡萝卜丝、豆腐丝和包菜丝略翻炒，倒入大米饭，加盐调味，再打一个鸡蛋进去，一同翻炒。少顷，一大盘花饭就出锅了。裹着鸡蛋的米粒颗颗分明，衬着黑白红绿的菜，叫人胃口大开。

香味大起底

1. 包菜洗净后一定要沥干水。因为包菜本身就含有一定水分，如果不沥干水分就下锅，很容易使炒出来的菜水水的。
2. 炒这道菜时稍微放一丁点糖在里面，可以激发醋的香味，使菜更鲜甜。而加入醋，也可以使包菜更脆。
3. 油稍多一点，大火炒包菜，炒焦点不怕，一定要快炒。

这道手撕包菜，是炝炒手艺，菜里带着微微的焦香，讲究的是旺火快炒。所以一次菜量不可太多，多了炒不匀。炒菜时一定要勤快，快速翻炒，尽量让锅里的菜受热均匀，这样出来的菜口感才好。

干锅花菜

　　干锅花菜绝对是一道经典菜，每走进一家餐馆，十有八九都能够看到这道菜的身影。干锅，辣的，辣得还不轻，花菜，北方叫菜花，但要用那种长得散散的长柄菜花，包得紧紧的那种菜花可是不行。还有青蒜，是重要角色。一锅干干的，辣辣的香香的干锅花菜能备受追捧，那自然是极好吃的。

散花菜半棵（约400克）、五花肉75克

辣椒2个、蒜瓣10来个、花椒数粒、
干辣椒3、4个、红尖椒2个

青蒜两根、小葱两根、姜1块、生抽半勺、
耗油半勺、糖盐适量

炒锅

做法

1

将花菜掰成小朵，放入盐水中浸泡半个小时左右。然后捞出来用水冲净；五花肉冲净，沥干水分，切薄片备用，红辣椒切丝，干辣椒切段。蒜瓣切成末，姜切片，小葱、青蒜切段。

2

热锅凉油，至油温五成热时，放入五花肉、葱段，小火煸炒至肉出油，然后加入姜片、干辣椒、花椒、蒜瓣，等到五花肉稍微发焦，四周蜷曲时开大火，加入花菜翻炒。

3

花菜炒至表面微微发黄，放入红辣椒，加入生抽、蚝油调味，加入青蒜，继续大火翻炒两分钟，翻炒均匀便可关火出锅。

◆ 喜欢重口的，可以在翻炒过程中加入什么老干妈、郫县豆瓣酱等，不过，这些调料都偏咸，所以加这些调料的时候，一定要注意少放或者不放盐。另外，吃货们觉得，将五花肉换成腊肉的口感更好，不妨一试。

香味大起底

　　这道干锅花菜香味浓郁，色泽红、白相间，咸辣焦香，之所以有如此味道，少不了下面这几点：

1. 用五花肉来搭配花菜。因为花菜略有些发苦，虽然焯水去了苦味，可是口感依旧不够润。加入五花肉，先将肉煸炒出油来，再下姜蒜等一起煸炒，让肉味和香味相互渗透，而后再放入花菜煸炒，这样炒出来的花菜能充分吸收肉味和香料的味道，所以才更加美味。

2. 这道菜的制作过程中千万不要放一滴水，加水后花菜容易发苦，口感不好，也不那么香。

3. 炒花菜的时间不宜过长，否则花菜就不脆了，另外，因为锅里没有加水，容易煳锅，到时候焦香就变成煳味了。

江湖门道

做这道菜需要用散花菜，或叫松花菜，就是长得松松散散、茎长朵大的花菜。饭馆里用这种花菜做的干煸花菜、干锅花菜通常叫"干锅有机花菜"或"干煸有机花菜"，只是这么叫，并不是真的有机菜。散花菜脆嫩、口感好，做干锅或干煸一定要用这种花菜。

时蔬什锦

花菜除了煸炒之外，还可以有其他做法。譬如，放入开水锅中焯熟，与胡萝卜、玉米粒、青豆等拌匀，加盐、糖、苹果醋和橄榄油拌匀。一道快速而又营养的时蔬什锦便呈现在眼前了。

农家小炒肉

农家小炒肉是湖南等地的家常小炒，其实就是青辣椒炒肉，辣椒多肉片少，肉片埋在尖椒里，干锅煸炒，辣味十足、咸鲜喷香。用料常见，快手小炒出美味，好吃的小炒肉青椒鲜辣脆爽、五花肉油香但是绝不腻人。还说什么，开始洗青辣椒吧。

菜谱全方位

材料

带皮五花肉1块（约100克）、
干辣椒几个

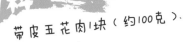
青蒜两根、青辣椒（又叫尖椒）6、7个、
生姜1块、生抽适量、豆豉一小勺

蒜3、4瓣、料酒1勺、油盐适量、糖少许

工具

炒锅

1

将五花肉洗净，连皮一起切成薄片；青椒、青蒜、姜洗净；蒜切片，辣椒切成长条或滚刀片；姜切片；青蒜切成段。

做法

2

热锅冷油烧热油，下入姜片、干辣椒和豆豉爆香，再放入带皮的五花肉和料酒煸炒。

3

锅里五花肉四周开始卷曲时，放入辣椒煸炒，加入蒜片，加盐、糖、生抽调味，加入青蒜，翻炒均匀后出锅。

香味大起底

1. 这道小炒肉"辣"字当先，又香又辣，让人停不了口。虽然如此，可是这辣却不是一味死辣，而是有层次变化的，辣中带脆。所以，做小炒肉、青辣椒、干辣椒一样都不能少。

2. 小炒肉讲究的是炒，火候极为重要，五花肉要用中小火慢慢煸，煸出油，炒出来的肉片香而不腻。放入尖椒后火要大一点，也焓炒到表皮微微发皱，辣椒特有的青气才会被煸走，辣味喷香扑鼻。

江湖门道

农家小炒肉的肉一定要切得薄，咬起来筋道。新鲜肉想要切薄片，不是件容易的事。别着急，我们有窍门：将肉洗净放入冰箱的冷冻层冻半个小时，再拿出来切就行了。

回锅肉

　　回锅肉还是小炒肉都是湖南、湖北、四川等地家常菜。不过做这道菜也有讲究，花椒得多放，增香去腥。改良版的回锅肉中，会将豆瓣酱与甜面酱融合，香浓中带有丝丝甜味。

　　锅里放清水，水开后放入葱姜和花椒，加入半勺老抽和两勺生抽，放入两粒冰糖，滴入数滴白酒，大火煮三四分钟。然后放入五花肉块，开锅后大火转中火，继续煮个十多分钟，直到肉熟透。将肉捞起放凉后切薄片。青椒切成块，胡萝卜切成片。热锅凉油，油温五成热时加入肉片煎炒，滴入少许料酒，炒至肉片表面微卷。转中小火，放入豆瓣酱，加蒜末，炒出红油来，再加入少许甜面酱。放入辣椒和胡萝卜片，继续翻炒，加盐调味，加入少许炖肉的汤汁，大火翻炒，等汁收干后关火起锅。

剁椒鱼头

剁椒鱼头是湘潭地区的一道名菜，将蒸鱼头的鲜嫩和剁椒的酸辣融合在一起，风味独特，叫人一吃便难以忘怀。虽然湘潭等地做此道菜用的是茶油，但是材料所限，咱们还是就手用家中有的某种植物油吧。

菜谱全方位

材料

胖头鱼的鱼头1个、青红亮色剁椒适量

小葱3根、姜1块、蒜7、8瓣、蒸鱼豉油1
调羹、油盐胡椒粉料酒均适量

◆ 有关这道菜的主料，完全可以根据个人的喜好
来。如果喜好草鱼或者青鱼，完全可以换用其他
鱼头。只是胖头鱼的鱼头更大更肥嫩，做起来更
美味而已。不做鱼头用鱼肉也可。

工具

蒸锅

做法

1

　　洗净鱼头，刮干净鱼鳞，抠掉鱼鳃和咽齿，刮洗净鱼头，将鱼头从鱼唇正中对半劈开；姜一半拍碎，刷成茸；两根葱打成葱结，另外一根切成末。

2

　　在鱼头内外均匀抹上料酒，再用少许盐、胡椒粉和姜茸均匀涂抹一遍，腌制10分钟，晾干水分。

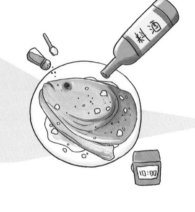

3

　　另一半姜、蒜拍碎，切末，入油锅炸香备用；取一个大盘，盘底放上拍破的姜和葱结，将鱼头平摆在盘里。

4
　　蒸锅里坐水，大火烧开后将盘子放进去，盖上盖，大火蒸三分钟，取出鱼盘，倒出蒸盘内的汁水，将青、红两种剁椒分别铺在两片鱼头上，上面撒上炸好的姜蒜茸，淋上一调羹蒸鱼豉油，盖上盖子继续蒸。

5
　　再蒸10分钟左右，看见鱼眼发白了，关火。撒上葱花，浇半勺滚油即可。

江湖门道

　　剁椒鱼头因为有鱼头，有红红的剁椒，所以被人称为"开门红"，或者"鸿运当头"，逢年过节当做这一道菜，图个好彩头。传说黄宗宪当时为了躲避雍正的文字狱，逃到湖南的一个小村落，在农户家借住。这家人穷得买不起菜，幸而晚上捕到了一条河鱼。于是女主人便用鱼肉做汤，将剩下的鱼头与家里的糟辣椒一同煮了一道菜。黄宗宪初尝之下大为叹服，后来便让家里的厨师加以改良，这就是现在著名的剁椒鱼头。

变身秘籍

红烧鱼头

　　鱼头处理干净，晾干水分。热锅冷油，放入葱姜蒜爆香，之后开大火将鱼头入锅煎至两面略焦黄。然后加入料酒，少许生抽和老抽，倒入开水，水没过鱼头。盖上锅盖，大火烹煮鱼头十分钟，加盐调味，撒上辣椒末和葱花，出锅。

香味大起底

做剁椒鱼头时，有些工序万万不能省。

1. 鱼头在做之前一定要抹上料酒、盐和胡椒粉、姜末腌制，这样既去除了鱼的腥味，也会使味道渗入鱼肉中，肉质也会更嫩。

2. 鱼头入锅蒸3分钟后一定要取出鱼盘倒掉盘中的汁水。否则腥味会很重。

3. 起锅淋一勺滚油可以激发鱼肉的鲜美味道，口感更好。

肉末茄子煲

　　茄子肉质细嫩，做好了，能够有肉的口感。刘姥姥进大观园时吃的那用鸡精心炮制的茄鲞就是一例，不过那不是普通人家吃得起的，略过不表，咱们今天只说家常菜。用茄子做出来的喷香可口、让人有幸福感的家常菜是什么呢？肉末茄子煲。

菜谱全方位

材料

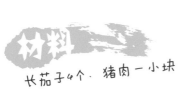

长茄子4个、猪肉一小块

干辣椒3、4个、葱姜蒜适量、料酒半调羹

生抽少许、糖少许、醋少许、油盐适量

工具

炒锅、砂煲

做法

1

将茄子切掉蒂，从中剖成几条，切成3寸的段。葱姜蒜切成末，干辣椒切段。

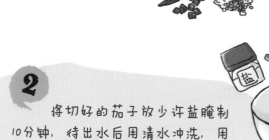

2

将切好的茄子放少许盐腌制10分钟，待出水后用清水冲洗，用手稍微捏一捏，挤出水分。

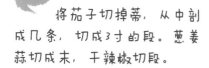

3

猪肉，切成肉粒，加料酒、生抽拌匀腌制15分钟。

◆ 爱吃猪皮的人，也可以将猪皮切成小条，和茄子一同放进锅里翻炒，然后入砂煲焖煮。这样做出来的肉皮晶莹透亮，软糯有嚼劲。

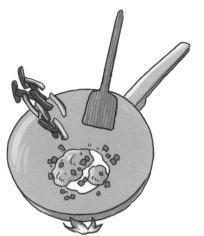

4

炒锅烧热，倒入油，油温四成热时加入葱姜蒜末和辣椒段，小火煸炒出香味，倒入肉末炒开，至肉末变色，便可倒入茄条煸炒。

5

开大火煸炒两分钟后，加入适量的生抽、糖、醋、盐，再倒点开水进去，翻炒均匀后，盛入砂煲中。

6

开中火，盖上砂煲的盖子，焖煮约十分钟，等茄子熟透入味后，撒入葱姜蒜末，然后淋上少许热油便可上桌了。

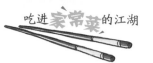

咸鱼茄子

咸鱼炸香；茄子处理方式同前，之后过油炸熟。热油锅，用葱姜蒜爆香，放入茄子和咸鱼，加一点高汤（或水），加蚝油、一点老抽、盐、糖、味精调味后焖烧至收汤，加一点香油。茄子有了咸鱼的咸香，油亮、超有食欲。

蒜泥茄子

茄子洗净去蒂，整条放入蒸锅中大火蒸烂。用小米椒、芝麻、适量酱油、米醋、蒜茸、盐、糖调成汁。茄子蒸透了之后端出来，破成条，将调料汁倒进茄子里，再淋上适量辣椒油。如果肠胃够好，也可以将蒸茄子放凉后入冰箱冰镇两三个小时，那样口感更佳。

香味大起底

1. 做这道菜选用的猪肉最好是肥肉多瘦肉少的。这样的猪肉切粒后煸炒时容易出油，特别香。

2. 茄子入锅之后一定要煸炒两三分钟，待茄子皮皱缩并略微发焦时，才加入调料和一点点清水。要是茄子煸炒的火候不够，成品吃起来就是水水的，没有焦香味，也不会有肉的口感。

3. 茄子出锅前一定要淋一点热油，这样茄子的外形更加油润，香味也更浓哦。

江湖门道

　　因为茄子非常吃油，油少了容易煳锅。所以在炒茄子前，应该将茄子放盐腌制一会儿，等腌出水分后用清水冲洗一下，用手稍微挤出水分后再入锅煸炒，这样既省油又能保持好口感。

萝卜干炒腊肉

你身边有没有这样的朋友，每次出门吃饭，永远只点一个菜：萝卜干炒腊肉。如果去的餐馆里没有这道菜，他才会退而求其次考虑别的菜。如果有人问：为什么总点这个菜？为什么不给自己更多的选择呢？他振振有词：萝卜干炒腊肉不好吃吗？对啊，既然这么好吃，我又爱吃，为什么要选择其他的？也是哈。

萝卜干200克、腊肉150克

青蒜2根、红小米椒2个、干红辣椒2个、蒜6瓣

生抽1勺、香油少许、植物油和盐适量、白糖少许

炒锅

做法

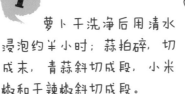

1 萝卜干洗净后用清水浸泡约半小时；蒜拍碎，切成末，青蒜斜切成段，小米椒和干辣椒斜切成段。

2 腊肉洗净放入蒸锅中蒸10分钟，拿出来晾凉，切成片；将萝卜干捞出，挤干水分。

3 热锅凉油，开小火，加入萝卜干煸炒，待炒干水分后盛出来，洗干净锅。

4

　　锅里再倒入少许油，将腊肉放进去煸炒几分钟，煸炒出油来。

◆ 可将多余的油盛起来，留着下
　次炒菜用。

5

　　将辣椒倒入锅中，中火煸炒出香味，倒入萝卜干继续翻炒，翻炒两分钟后，加盐、糖、生抽调味，翻炒均匀，再炒一分钟。

6

　　将青蒜撒入锅里，翻炒均匀，关火出锅。

萝卜干炒毛豆

这道菜做起来很方便，用来下酒或者喝白粥最适合不过了。记得毛豆要选新鲜的，现剥现炒。

毛豆放进油锅里小火煸炒片刻，可加入少许开水略焖，将毛豆焖熟便盛起来。锅中再放油，放进干辣椒煸炒出香味，再倒入萝卜干翻炒1分钟。把先前盛起来的毛豆倒进去，加入少许糖和盐调味，继续翻炒1分钟便可出锅。

萝卜干最好是没有加盐腌渍过的、自然晒干的，这样的萝卜干有淡淡的甜味和香味。选颜色呈现淡黄色，比较亮的萝卜干。萝卜干的条形应大小匀称，肉质厚实，闻起来带有萝卜独特的香味，咬一口味道鲜美，回味甘甜。也就是要符合人们平常所说的"色、香、甜、脆、鲜"这五种特点。

香味大起底

1. 萝卜干最好选用那种晒干的，而不是用盐水腌渍的湿湿的萝卜干。如果萝卜干不够干，需要先放入锅中焙去水分。如果萝卜干太干，可以先泡水，或者炒的时候加入少量开水略焖烧。

2. 腊肉一定要先蒸熟或者煮熟，然后再入锅焙炒。得把腊肉的油脂都焙出来，这样吃到嘴里才不会觉得腻。记住：一定要先蒸熟了再切片，否则肉的香味会都跑掉的。

宫保鸡丁

　　"宫保"，丁宝桢任太子少保，人称"丁宫保"，丁宝桢是宫保鸡丁"之父"，所以是"宫保鸡丁"而不是"宫爆鸡丁"。这道菜色泽赤红油亮，十分诱人，是酸辣略带甜口的，鸡肉滑嫩，花生米爽脆，大葱也甜丝丝的，十分下饭。这是大众超级爱的一道菜，你看每个饭馆里都有宫保鸡丁、宫保鸡丁盖饭、宫保鸡丁面就知道了。

菜谱全方位

材料

鸡肉200克，大葱1根

花生米50克，干辣椒4个，花椒数十粒，淀粉少许，酱油适量

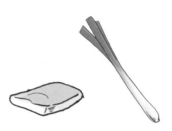

油盐适量，白糖少许，料酒适量，醋少许，姜1块，蒜2瓣

工具

炒锅

做法

1

大葱只用葱白，洗净后切成1厘米长的小段。姜切成末，蒜瓣剁成末；鸡肉洗净，沥干水，切成2厘米大小见方的块，加淀粉、少许油抓匀，腌制20分钟；干辣椒剪去蒂，去籽，切成段。

2

用一个小碗，加入1汤匙水淀粉、1汤匙酱油、醋与少许盐、糖、料酒，调制均匀，做成芡汁。

3

花生米放入温水中浸泡半小时，等到花生皮皱缩发软之后，剥去皮，只留白色的花生仁。将花生仁沥干水分。

4

　　热锅凉油，中火，油温三成热时将花生仁放进去，改小火炸，等花生仁稍稍泛黄便关火，让花生仁在热油中浸半分钟，捞起沥干油，晾凉备用。

5

　　重新开大火，油温六成热时将腌制好的鸡肉放进去，迅速滑炒至散，大约炒半分钟，等到鸡肉开始变色时就关火捞出，沥干油。

6

　　小火，锅里放底油烧热，放入花椒和干辣椒段，煸炒出香味出红油后放入大葱段、姜末、蒜茸和鸡丁翻炒，再将芡汁倒入，翻炒至芡熟，下花生仁，翻炒几下即可出锅。

江湖门道

1. 芡汁下锅前，要再用筷子搅拌一下。因为放了这么久，淀粉都沉淀到碗底了。

2. 之前煸炒花椒和干辣椒用小火，但是鸡肉下锅后就要转大火，快速煸炒。

3. 鸡肉先用油腌渍，会更加嫩滑。

变身秘籍

辣子鸡丁

这是一道典型的川菜，到了四川地界，如果不吃这道菜，实在是浪费。鸡胸肉还是跟上面一样处理，腌制好放在一旁。这道菜里没有大葱，只有香葱，葱切成末。干辣椒要多多备着。

锅里放油，中火烧至五成热时，将辣椒、花椒、姜片爆香，然后放入鸡丁，不停翻炒。2分钟后，放入生抽、米醋、糖和盐调味，继续煸炒2分钟即可出锅。

 花生米要凉油入锅，小火炸，一见变色就关火，如果看着颜色合适再关火，一定会炸过火。最后，一定要晾凉才会脆。

花生米在锅里煎炸稍变黄时就要关火了，并用锅铲要匀速翻炒。然后将花生米盛起如果等到花生米完全熟透酥脆才关火，那时候花生米就炸过了。

花生米一定要在菜要起锅之前放入，如果在锅里翻炒时间太长，花生米就不那么酥脆了。

鱼香肉丝

　　没吃过鱼香肉丝的有吗？少而又少！不过菜上桌，除了冬笋丝、胡萝卜丝、木耳丝和猪瘦肉丝外，鱼香肉丝里根本不见半点鱼的影子，"鱼香"压根指的是川菜里酸甜麻辣咸的调味香型，鱼香味的肉丝是也。

材料

猪瘦肉150克、冬笋100克半个

水发黑木耳1小把、胡萝卜丝50克、
大葱1段、姜1块、蒜5瓣

剁椒（带汁水1勺）、油、盐、糖适量、醋
适量、生抽适量、淀粉适量

油　盐　糖　醋　生抽　淀粉

工具

炒锅

1

将黑木耳冲净，切成丝；冬笋洗净切丝；葱姜蒜切成末。

2

猪瘦肉放清水中浸泡半小时，取出冲洗，顺肉丝切成丝。

3

肉丝加入少许盐、料酒和淀粉、油抓匀腌半小时；取一个小碗，放入淀粉、盐、白糖、醋、生抽、肉汤（或水）对成调味汁。

4

热锅凉油，待油温四成热时，下入腌好的肉丝迅速划炒散开，约莫1分钟，看肉丝变白盛起来。

5

锅里的底油加入剁椒（带汁水）、蒜末和葱末煸炒出香味，将冬笋丝、木耳和胡萝卜丝倒入翻炒几下，再倒入刚刚过油的肉丝。

6

继续翻炒均匀后，倒入调味汁，快速翻炒至熟熟，均匀即可出锅。

白菜肉丝

　　一棵大白菜，在能干主妇手下能够做出来许多种花样。叶子可以下火锅，白菜帮正好拿来炒肉丝。白菜梗洗净顺着纤维切成丝，猪瘦肉洗净，也切成同样粗细的丝，与上面一样腌制。洗净两根西芹，切成段。葱姜切丝。热锅凉油，加入腌制好的肉丝滑炒至断生，再加入葱姜丝炒匀，放入白菜丝和芹菜段煸炒，再加盐调味，翻炒均匀即可出锅。

　　切肉丝有门道，俗话说："横切牛羊，斜切猪。"猪肉纤维细，横切难成丝，所以顺丝切。肉丝要切得粗细一致、长短一致、不连刀。牛羊肉纤维稍粗糙，就要与纤维垂直横切了。

香味大起底

1. 这个菜香甜辣而微酸，酸味不仅仅靠醋来体现，如果是加入泡椒或者剁椒一同翻炒，味道会更加美妙。千万不可用豆瓣酱来代替泡椒。

2. 肉丝在腌制的时候加入少许色拉油拌匀能够有效锁住肉丝的水分，使肉丝口感更好，在滑油的时候也更容易散开。

酸菜鱼

　　酸菜鱼也是川菜中的一道家常菜，一般选用新鲜的草鱼，配上自制的泡酸菜，做出来一锅鱼片微辣，鲜嫩爽滑，汤酸香鲜美，酸菜解腻。四川酸菜墨绿色，和北方酸菜不同，是用芥菜经过乳酸发酵制成的，具有特殊的酸爽滋味，用来做鱼简直就是天作之合！

菜谱全方位

材料

活草鱼1条、四川酸菜500克

葱1根、姜1块、蒜5瓣、泡椒1勺、花椒1勺、干红辣椒、野山椒各4个

料酒适量、胡椒粉少许、淀粉适量、蛋清2个、油盐糖适量

工具

炒锅

做法

1

将草鱼宰杀去鳞、鳃、咽齿，清洗干净。将鱼头剁下，从中间切开，分成两半；鱼肉从鱼背上划一刀，沿着鱼骨片下鱼肉，再将鱼肉片切成片，放入大碗中，加入少许盐、胡椒粉、料酒、蛋清和水淀粉抓匀，腌制10分钟。

◆ 有关鱼的处理方法，前面已经详细介绍过了，这里就不再废话啦。

2

酸菜用水略冲洗，切成段。葱切成葱花，姜切成片，蒜切成末。

3

热锅凉油，中火烧至四成热时，加入部分花椒、干红辣椒以及葱姜蒜，然后放入野山椒和泡椒，煸炒出香味。

4

　　将沥干水的酸菜放进去翻炒均匀，加入少许料酒和盐、糖调味，倒入足够的开水。

5

　　将鱼头和鱼骨放入锅中，大火烧开，撇去浮沫，煮十来分钟。

6

　　转小火，将鱼片一片片下到锅里，等到鱼片变白即可关火，撒上少许葱花。

7

　　在炒锅烧热油，等油温四成热时放入剩下的干红辣椒、蒜末和花椒煸炒，待香味出来后，将热油淋在做好的酸菜鱼上面。一道香喷喷的酸菜鱼就做好啦。

变身秘籍

水煮鱼

　　如上准备好所有的原料，水煮鱼是将酸菜换成了豆芽，鱼的处理相同。将豆芽用热水烫熟，铺在盆底。

　　锅里放两勺油，放入花椒、辣椒、豆瓣酱、姜蒜等翻炒。加入鱼头和鱼骨翻炒4分钟，倒入热水，加盐，大火烧开，煮10分钟，改小火，将鱼片放入，等到鱼片变白时，便将锅中的食物都倒入铺好豆芽的盆里。然后再烧花椒油淋在鱼肉上。

香味大起底

做这个菜有些关键步骤不能省略：

1. 酸菜要清洗干净，挤出水分，然后入锅煸炒。泡椒如果是整个的辣椒，需要切成小段，这样味道才能更好地释放出来。

2. 葱姜一定要分两次放，前一次是炝锅，后一次是入油煸出香味后倒入锅里，使这道菜味道更香浓。

1. 片鱼肉要沿着鱼身脊背的鱼骨将刀切入，将鱼身完整分成两片，一定要将鱼肉中剩余的大刺都剔出来。片鱼片的时候，要顺着鱼尾的方向斜刀片，薄厚要均匀，太薄容易碎，太厚不好熟。

2. 片好的鱼片，要用盐抓一下，这样可以去掉鱼片中多余的水分，使鱼肉更加紧实，弹性更好。

3. 鱼片入锅的时候一定不要开大火，否则鱼片容易碎，开小火将鱼片焖熟即可。如果怕鱼刺，可以在鱼片下锅之前，将锅里的鱼骨和鱼头捞出来，只留酸菜和汤汁。

火爆腰花

　　腰花这东西就跟榴莲一样，爱的人极爱，不爱的人总是避之唯恐不及。那些热爱腰花的人坚持认为，那些不爱腰花的人只不过是因为没吃到过好吃的腰花。腰花要是处理得好完全不用担心异味，锅里快炒快出，又嫩又脆又香，一盘还不够吃呢。

菜谱全方位

材料

新鲜猪腰2个

红辣椒2个、泡椒1勺、蒜瓣4粒、姜1块、干辣椒3个

油、盐、糖、白醋、醋、酱油、白酒适量、黄瓜半条

工具

炒锅

做法

1

猪腰洗净，用刀在猪腰表面划一小口，撕去外膜。

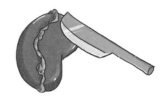

2

将猪腰平放在案板上，用刀在中间切一刀，把猪腰一分为二。用手捏着猪腰两头，看见中间略微鼓起的就是腰臊，用刀把腰臊切掉，只留下净猪腰。

◆ 这部分的白色筋膜要去干净，令人不爽的气味都在这上面。

3

将猪腰放在案板上，有腰臊的一面朝上，用刀在这一面上打上浅浅的花刀。然后再将猪腰切成小块，加白酒洗干净。

4

将洗净的小块猪腰放入清水中浸泡，水里放入1调羹盐、几滴白酒和白醋。大约10分钟后再拿出来，反复数次，直到血水都被浸泡出来为止。

5

淀粉加适量清水调成水淀粉，给猪腰上浆。

6

蒜拍碎切末，姜切末，葱切段，干辣椒切段，泡椒剁碎，红辣椒切块，黄瓜切薄片。

7

另取适量盐、糖、醋、酱油、水淀粉适量倒入小碗里，再加数滴白酒，调成汁。

8

热锅凉油，烧至油温七八成热时，下腰花，快速划散至腰花变色发白、卷曲、翻花时出锅，沥干油。

9

锅里留底油，开中火，放入姜蒜、干辣椒和泡椒翻炒出香味，转大火，再次放入腰花，爆炒半分钟，下红辣椒翻炒均匀，倒入调味汁，下黄瓜片，再次翻炒均匀，淋几滴香油，即刻起锅装盘。

变身秘籍

椒麻腰花

看名字就知道了，这道菜是着重于腰花的香麻口感。所以要首先准备好花椒，炸花椒油，再将热油浇在干辣椒碎上，调制成麻辣油。

将猪腰处理干净，锅里加水，放入2勺白酒，大火烧滚，下腰花炒熟捞起。然后立刻放入冷水中，使腰花口感爽脆。再将配料和调料汁都准备好，淋在腰花上，拌匀即可。

香味大起底

　　如果想要使腰花味道更香，除了放干辣椒、红辣椒和油盐酱醋糖之外，加入点儿泡椒，能够使这道菜的味道更香，层次更丰富。

　　另外，一般做菜要放料酒，这里将料酒换成了白酒，因为白酒去内脏腥气更好，再者，白酒容易挥发，酒精蒸发了，但是香味留在腰花里。

江湖门道

　　猪腰的处理是一大关键。

1. 猪腰一定要从中剖开，彻底剔除筋膜和腰臊，用白酒反复浸泡。

2. 腰花也可放入加了白酒的开水里焯过，这样也能帮助去除腥臊气味。焯水5秒钟就够。

3. 料汁中一定要放糖和醋，也可以去除一些腰花的腥臊味。

4. 刀工要均匀，下锅要大火快炒。

熘肝尖

　　相比较腰花，还是猪肝更受欢迎多了，爆炒猪肝、猪肝汤、猪肝粥、卤水猪肝，人们将一味猪肝做出许多种不同的花样来。也是，猪肝不仅味道鲜美，口感细腻嫩滑，还能极补血，做起来也比腰花简单，自然是备受人们喜爱了。

菜谱全方位

材料

猪肝1块. 黄瓜1根. 红辣椒2个

葱2根. 姜1块. 蒜瓣5粒. 盐糖胡椒粉适量. 植物油1勺

香油1调羹. 料酒1调羹. 老抽半调羹. 生抽1调羹. 淀粉1小勺. 醋少许

工具

炒锅

做法

1

将所有材料洗净，准备好。

2

猪肝用加了白醋的淡盐水浸泡20分钟，清洗一下，再换一盆淡盐水浸泡，如是反复3次。

3

将猪肝捞出沥干水，切成薄片，再冲洗一次，沥干水。然后加入少许盐、糖和料酒抓拌匀。

4

黄瓜和红辣椒切成菱形。葱切段，姜切丝，蒜切末。

5

取一个小碗加入生抽、老抽、料酒、糖、白胡椒粉和水淀粉拌均匀成为料汁备用。

6

热锅凉油，油略多些，油温四成热时将猪肝入锅，快速滑散熘熟，变色后捞出控油。

7 锅里留底油，放入葱姜蒜爆香，倒入黄瓜和红椒翻炒均匀。

8 将猪肝倒入一同翻炒均匀，将调好的料汁再搅拌均匀，倒进锅中，锅里继续翻炒。

9 待锅中所有材料都均匀地裹上芡汁，香味都出来后，淋上少许香油，关火出锅。

香味大起底

划猪肝时十分讲究火候，首先锅里要多放油，其次，油温一定要合适，中火滑散，油温如果高了，炒出来的猪肝比较硬、比较渣，油温要是太低，猪肝吃起来口感不好。不过，虽然说猪肝讲究鲜嫩的口感，但是，一定要炒熟。因为猪肝内可能留有寄生虫、细菌等。

另外，芡汁一定要事先调制好，在下锅之前还要再调匀，将猪肝片回锅调味的过程尽可能缩短。

江湖门道

在下锅之前，猪肝一定要反复用淡盐水浸泡。以玄除猪肝的腥味，使其更滑嫩。

酱猪肝

　　酱猪肝、酱猪脸、酱肘子……这些可都是熟食店里最常见的种类。有人不爱炒肝尖，但是却爱这筋道的酱猪肝，认为它是绝美的下酒菜。话说，酱猪肝的制作方法也不简单啊。猪肝的处理同上面一样事先浸泡出血水。之后在锅里放入盐、香叶、陈皮、桂皮、花椒、八角、干辣椒、葱姜蒜，加入足量的水，放入猪肝，开小火煮，水热后，往锅里倒入料酒撇去血沫，加入生抽、老抽、五香粉、蚝油、料酒等调料，继续煮一小时。煮好后的猪肝暂时不捞出，在锅里用汤汁再浸泡半小时。捞起猪肝，这时候的猪肝已经变成了深褐色，闻起来是浓浓的酱香味。调自己喜欢的味汁蘸着吃吧，很香的~

麻婆豆腐

　　麻婆豆腐，这可是川菜中的经典啊。一方洁白清淡的豆腐被做成了红油包裹的淡黄色才行，豆腐又滑又嫩，入口麻辣鲜香，细嫩绵软，是下饭的利器。好的麻婆豆腐讲究八个字，那就是：麻、辣、烫、香、酥、嫩、鲜、活，口感麻辣烫香，豆腐又酥又嫩又滑，用筷子夹起来还微微颤抖呢。

菜谱全方位

材料

豆腐1块. 牛肉末150克

豆瓣酱3勺. 豆豉1勺辣椒粉1小勺

青蒜2根. 油盐适量. 黄酒少许

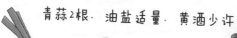

工具

炒锅

做法

1
　　将豆腐切成2厘米见方的块，放入淡盐水中浸泡15分钟，捞出沥干备用；青蒜切成末，豆瓣酱剁碎。

2
　　炒锅烧热，凉油下锅，四成热时加入牛肉末煸炒，肉末变色时盛起来沥干油。

3
　　锅中留底油，开中火，将豆瓣酱、豆豉放入锅中，煸炒出香味时加入豆豉和辣椒面，等到炒出红油后，倒少许黄酒。

4

　　待香味出来后，将焯过水的豆腐放进去，倒入开水或者肉汤，以将没过豆腐为宜。大火煮，加盐调味。

◆ 最好倒入牛骨熬制的高汤，地道制法如此！

5

　　豆腐在锅中煮开后三五分钟，即可撒入青蒜末，用勺子轻轻推动豆腐炒匀，然后起锅装盘。

香味大起底

麻辣鲜香是麻婆豆腐的最大特色，想要这道菜更香，需要注意以下几点：

1. 豆瓣酱事先剁碎，这样下锅后容易炒匀，也容易出红油。豆瓣酱需要温油下锅，油温在四五成热时即可，用中火炒，油一定要多，这样辣椒和辣椒面才不至于煳锅。
2. 因为豆瓣酱比较咸，所以是否加盐要视具体情况而定。
3. 豆腐在锅中不要翻炒，要一边摇锅一边用勺子推动锅底，使豆腐不至煳锅。

江湖门道

1. 做麻婆豆腐，可以选用南豆腐，做家常豆腐时可选北豆腐。
2. 豆腐切块之后，最好不要用开水汆烫，只用淡盐水浸泡即可，那样既能去除豆腥味，也能使做出的豆腐不易碎且滑嫩，用开水煮过的豆腐韧劲过大，口感不够绵软。
3. 有关勾芡问题，事实上，正宗的麻婆豆腐和家常豆腐都是不勾芡的。
4. 如用敲开的牛大骨熬汤代替水，那就更香了。

变身秘籍

家常豆腐

　　材料与上面的差不多，不过多了肉片、木耳和青菜。豆腐切成片，放入淡盐水中浸泡15分钟，捞出。木耳泡发，撕成小块。青菜洗净切断。豆腐煎至两面金黄捞出；炒锅里放入葱姜蒜爆香，放肉片炒熟，将木耳和豆腐放进去。翻炒片刻，加入豆瓣酱，再放入适量酱油和糖，放入少许清水烧制片刻使豆腐更加入味。将青菜放入，加盐调味，待青菜变软时淋上数滴香油，关火出锅。

面筋塞肉

　　说起这道菜，北方人很多都表示不能理解，面筋只能掰开了炒青菜，那么酥脆的一个团，可怎么往里头塞肉呢？别着急，看了下面的做法你就明白了。这面筋塞肉，可是淮扬名菜呢，很能体现巧手主妇的料理水平。

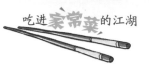

菜谱全方位

材料

油面筋10个左右、猪肉250克

油菜几棵、葱姜蒜适量、油盐适量、
酱油1小勺

冰糖数粒、老抽1小勺、黄酒1小勺

工具

炒锅

做法

1

　　将油面筋用筷子戳出一个小孔，用手指将面筋里头压实，使之变成中空的；油菜去老叶，掰开洗净。

◆ 这一步是需要练习的，孔太小塞不了多少肉，孔太大，面筋就容易穿了。

2

　　将猪肉浸泡出血水，洗净，剁成肉馅；一部分葱姜蒜切成末，剩下的葱切段，姜切片，蒜切末。取一棵油菜切碎。将葱姜末、盐、酱油、香油放入肉馅中拌匀，加入适量清水，然后加入切碎的油菜放入拌匀。

3

　　将调好的菜肉馅塞入油面筋内，尽量填满，但不要弄破面筋。之后用肉馅将面筋口压实。

4

　　热锅凉油，用中火烧至五成热时，放入葱姜蒜煸炒出香味，油面筋开口朝下放在锅中，用油煎半分钟左右，封口。

5

　　锅里倒入少量黄酒，加盖焖上半分钟，待锅里的酒味蒸发掉之后，加入热水或者肉汤至没过面筋，煮到面筋浮起，再倒入一点老抽。加入冰糖，大火烧开，加盐调味，改中火烧10分钟，等到汤汁收得差不多了，放入油菜烧片刻，油菜变色，油面筋吸饱了汤汁，就可以淋上几滴香油，关火出锅了。

先　　　　　　后

香味大起底

1. 面筋是面里的植物蛋白，营养丰富，加肉红烧起来更是鲜美异常。购买油面筋时注意闻一下，如果有哈喇味则说明不新鲜。

2. 另外，肉要七分瘦三分肥，用这样的肉馅做出来的菜口感更好。

3. 面筋塞肉也可以做成素馅的，用豆干、香菇和青菜做馅料，一样可以美味异常。

4. 油面筋本身就有油，所以红烧的时候锅中油要尽量少放。

江湖门道

1. 猪肉剁成馅后，要分几次加少许水，每一次加水后顺着一个方向搅拌上劲，这样肉馅更嫩。记住，要顺着一个方向搅，否则容易出水。馅料里可以加点香油，一来使馅料跟润滑，口感更好，二来也能更好地锁住里头的水分。

2. 肉馅塞到面筋里头也得仔细，要一点点塞进去，一次别太多了，以免把面筋挤破了。

变身秘籍

番茄丝瓜面筋煲

番茄一个，去皮切小块，丝瓜一根，去皮切滚刀块。油面筋五六个，切两半，入水中氽烫。木耳泡发，撕成小朵。油锅里烧热，下木耳、丝瓜、番茄和油面筋翻炒，加盐调味，倒入少许高汤，中火焖至汤汁稍浓，即可出锅。

木樨肉

　　木樨肉，常被写成"木须肉"这其实是一个以讹传讹的名字，应该叫木樨肉或木犀肉。这道菜主要材料是猪肉、炒鸡蛋、木耳，木樨指桂花，这道菜里炒碎的金黄色蛋花，看起来同桂花相似（清真菜里又有一道叫醋熘木樨的，你一定知道这道菜里有炒鸡蛋），所以名为木樨肉。木须肉是一道典型的北方菜，口感丰富、味道鲜美、营养均衡，是人们极爱的家常菜。

菜谱全方位

材料

木耳少许、黄花少许

黄瓜半根、猪瘦肉100克、鸡蛋2个、
油盐和味精适量

姜丝、葱花、蚝油、生抽适量、水淀粉少许

工具

炒锅

1

猪肉浸泡去血水，沥干，切成片，加蚝油、淀粉、姜丝和食用油拌匀腌制15分钟。

2

鸡蛋打在碗里，用筷子搅均匀；黄瓜洗净，切菱形片；黄花和木耳水发后择洗干净。

◆ 黄花和木耳是这道菜香味的重要部分，不要偷懒省去。

做法

3

热锅凉油，中火烧至五成热时，将鸡蛋液倒入，将鸡蛋炒熟，炒散成小块后盛起。

4

锅里留底油加热，用葱姜爆香，倒入肉片滑散，倒入生抽翻炒，肉片八分熟开大火，倒入黄瓜、木耳、黄花一同翻炒均匀。

5

放入鸡蛋，大火翻炒均匀，快速加盐和味精调味，出锅。

香味大起底

1. 这道菜可谓营养全面、层次丰富，黄瓜的清香、鸡蛋的浓香、猪肉的鲜香和黄花木耳的菌香混在一起，黑绿黄红彩缤纷。

2. 这道菜对炒鸡蛋的要求比较高，鸡蛋一定要充分打散，油要润满全锅，开中火烧热，油温五成热时蛋液下锅，等到蛋液基本凝固的时候就要铲子迅速炒散。

3. 配菜可以根据自己的喜好来选择，譬如玉兰片、黄瓜、黄花都是常见配料，猪肉也可以换成鸡脯肉。

1. 浸泡木耳、黄花的时候可以用淘米水泡，既容易泡发，也容易清洗掉木耳、黄花上的脏东西。泡发的木耳加盐搓洗也更容易洗净。

2. 因为黄瓜和莴笋都是可以生食的蔬菜，要的就是它们清脆的口感，所以这两样下锅后，开大火翻炒一两分钟即可出锅。出锅前可以淋上几滴香油，使菜看起来更鲜亮，香味更浓。

莴笋炒肉

　　这一道莴笋炒肉看起来跟木樨肉不太相关，其实呢，里头有鸡蛋，肉片的处理也相似，姑且把它看成是木樨肉的变身吧。莴笋削去皮，洗净切片，其他照木樨肉料理。

干煸四季豆

干煸是川菜中极为常见的做法，将食材用油慢慢煸炒熟。干煸豆角就是典型的干煸菜，豆角皱皱的，外焦里嫩，麻辣爽口油亮干香；肉末干酥、鲜香，配上一筷子干煸豆角能够送下两大口饭。

菜谱全方位

 材料

豆角400克、猪肉馅50克

碎芽菜3勺、干辣椒3个、生抽1小勺

姜、蒜瓣、花椒、油盐糖适量

工具

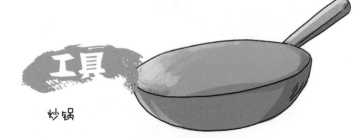

炒锅

做法

1

　　豆角摘去头尾和筋，折成长段冲洗干净；葱姜蒜切成末，干辣椒去蒂，切成段；姜切丝；蒜拍后切碎。

2

　　热锅凉油，开小火，放入花椒小火炸到出香味，再放入干辣椒，炸到变色，放入姜丝和肉馅翻炒，变色后放入芽菜翻炒。

◆ 可以用一个锅放油先把豆角煎炸到熟软发干，再用另外一个锅炒肉，放入豆角；也可以一锅炒出，只是油要稍稍多放一点。

3

　　放入豆角翻炒至变成翠绿色后加盖子中火干煸。直到豆角变色，表皮起皱缩小，转小火。

◆ 如果不是不粘锅，需要多放油，中间翻炒几次，否则煸炒的时间长了容易煳锅。

4

　　加入适量生抽、盐和糖，继续翻炒均匀，放入蒜末再翻匀，即可关火起锅装盘。

江湖门道

　　芽菜是这道菜的重要材料。芽菜是用芥菜的嫩茎晒干，加盐、红糖和香料密封腌制而成的。好的芽菜黄褐色，咸中带甜，脆嫩美味，是川菜中的重要配料。如果买散装芽菜，要挑选色泽黄褐、滋润发亮、气味香甜的。散装的芽菜用前需要清洗，买包装好的芽菜就省事了。

香味大起底

1. 花椒的麻香、辣味、芽菜香、蒜香、煳香，最后是一丝甜味，一个都不能少。
2. 干煸菜，所有材料都煸得没有水分，干干的才好吃。

变身秘籍

榄菜肉末四季豆

　　这也是一道人人皆知、备受喜爱的家常菜，与干煸四季豆相比，不同之处有四：一是把芽菜换成了橄榄菜；二是把豆角切成1厘米左右的小段；三是豆子焖熟后放橄榄菜，四是没有干煸的焦香味。其他自己发挥~

糖醋排骨

糖醋是地道的江南口味，酸酸甜甜，叫人食指大动、胃口大开。糖醋排骨，光这个名称就有极大的诱惑力，勾得人馋虫出动、口水直流。无锡的糖醋排骨最有名，糖醋味好像从骨头里长到肉中的，用点心，咱在家也能做。无锡排骨始制于清朝的光绪年间，随着无锡市工商业的迅速发展，许多肉店聘名师，苦经营，创名牌，争生意，先后出现过"老三珍"，"陆稿荐"，"老陆稿荐"，"真正陆稿荐"等牌号。由于各家相互竞争，无锡肉骨头的味道越来越好。

猪小排500克、糖（30克左右）

镇江香醋（30克左右）、姜6片、小葱、
老抽（15克左右）、白醋、盐

◆ 因为这是道江南菜，所以材料中的用了小葱，也
可以用1根大葱来代替。

炒锅

做法

1

猪小排剁成小段，冲洗干净，控干水，放入冷水入锅煮半小时，捞出控水，再用老抽、盐、料酒拌匀，腌渍1小时以入味。

2

炒锅放小半锅油，上火，放入排骨，煎至金黄色，捞出控油。

3

炒锅留少量底油，放入姜片，爆出香味，把排骨倒入翻炒，倒入少量白醋和料酒，再放入白糖、一点盐，继续翻炒均匀，倒入一碗开水，盖上锅盖，小火焖烧1个小时。

◆ 放白醋和料酒是为了去腥和让排骨酥烂入味。糖是主要材料之一，增味并使汤汁稠厚香甜。

4

锅里汤汁黏稠变少时翻炒，出锅前加入少量香醋，再翻炒烧炖均匀，即可关火出锅。

◆ 如早加醋，随着炖煮醋的酸味会挥发。

豉汁蒸排骨

　　这是广东人最爱的早茶点心之一。材料简单，做法也简单，但是味道却鲜美无比。排骨处理好，将大蒜、豆豉和姜都剁碎，然后倒入排骨里，加上适量盐、糖、淀粉和少许油拌匀，腌渍20分钟。然后将这碗排骨放入蒸锅里大火蒸半小时左右。

1. 做糖醋排骨，第一重要的是用好的猪肋排，最好用靠近外侧（脊骨的另一侧）有脆骨的部分，也叫仔排。
2. 收汁一定要不停翻炒，以免煳锅，最好人不要离开灶台。
3. 炖排骨要用开水，水不用太多，否则影响口感和入味。

1. 排骨先煮30分钟，煮到七成熟时再用大火油炸，这样才会外酥里嫩。如果直接用生排骨炸，容易炸老，口感不好。
2. 排骨先腌渍再入油锅炸，保证入味。腌渍后，味道都进了排骨里，油炸后迅速将肉表皮封上，这样做出来的排骨味道更好。
3. 糖和醋放多少，尝试中增减，自己的舌头是量尺。

少不了的
下酒凉菜

3

酸辣蕨根粉

蕨根粉是蕨根里的淀粉制成的"黑粉丝"，蕨根粉吃了令人有饱腹感，但不会胖人，当然受到很多爱辣又怕胖的姐妹们的青睐。酸辣蕨根粉是全天候的开胃凉菜，酸、辣、甜、咸，简直是提神醒脑，让人想起来就有胃口。

材料

蕨根粉1把

炸花生米1把、蒜2瓣、小米辣椒4个、干辣椒2个

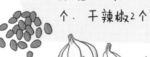

香油、盐、糖、生抽、老陈醋适量

工具

炒锅、汤锅

做法

1 　　将蕨根粉放在沸水，保持微沸，煮蕨根粉，煮的过程，当蕨根粉柔软了就要不断取出一根尝一下，中间没有硬心时马上关火，把蕨根粉捞出，过凉水，控净水，放入碗中。

◆ 时常用筷子将蕨根粉拨散，否则，蕨根粉容易粘在一起。

2 　　花生米稍稍压碎；小米辣切成小段。

3 　　盐、糖、陈醋倒入蕨根粉中，拌匀，小米辣、花生碎放上。

◆ 尽早放醋可以防止蕨根粉粘结成坨。糖可稍多放一点。

4

香油放入炒锅，稍热放入干辣椒，小火炸到变色，淋入在蕨根粉中，拌匀。

◆ 香油炸辣椒很香！

变身秘籍

酸辣土豆丝

将土豆丝去皮洗净，切成丝，或者用刨子刨成丝，放入凉水中浸泡片刻，在沸水锅中氽烫，捞出，调拌方法同蕨根粉。

江湖门道

1. 新鲜的小米椒味道够刺激，不过，如果觉得味道太呛，可以在辣椒上竖着划一刀，去掉辣椒籽。注意认真洗手，千万别不洗手抹眼睛。
2. 蕨根粉要煮熟，但是千万不要煮过，只能勤尝着点。
3. 肠胃够好的人，可以将做好的酸辣蕨根粉放入冰箱里冰镇半个小时再拿出来吃，又入味又凉又酸辣可口！

香味大起底

1. 可以用山西老陈醋，也可以用米醋，但是千万不要用白醋。
2. 这道菜里的小米辣也可以用剁椒或者泡的野山椒代替，味道都一样又酸又辣。
3. 调味的时候，在里头加入少许红糖或者蜂蜜，可以使口感更好，酸辣之外，又有丝丝的甘甜，叫人回味。

拌三丝

拌三丝是最有亲和力的清凉爽口菜，所用的材料都是平素最常见蔬菜，搭配好了，效果会出奇的好，而具体是哪三丝，又没有一定之规，喜欢吃豆腐丝的可以是黄瓜丝、豆腐丝、胡萝卜丝，喜欢吃海带的可以说海带丝、胡萝卜丝、香菜，想吃尖椒的可以是黄瓜丝、尖椒丝、香菜，怎么配随你。我们选用豆腐丝、海带丝和胡萝卜丝来做这道菜，黑白橙三种颜色搭配醒目，味道也不错。

菜谱全方位

材料

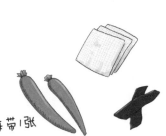

胡萝卜半根、豆腐皮1张、海带1张

蒜3瓣、姜几片、盐适量

生抽半勺、米醋1勺、香油适量、香菜几根

工具

汤锅

1

将海带、胡萝卜洗净，入沸水锅里稍微煮一下；海带、豆腐皮、胡萝卜都切成细丝；香菜洗净切成段；蒜瓣用刀拍碎，切末，生姜切末。

2

将胡萝卜丝放入锅里焯水1分钟即刻捞出，也放入凉白开中浸泡。

◆焯水不焯水都可以，焯水有口感原因，也有卫生原因，豆腐丝也一样。

3

豆腐丝放入锅里焯水10秒钟捞出，浸凉。

4

将这凉透的三样丝捞起来，沥干水，放入大碗中。

5

将蒜末和生姜末放在三丝上，倒入生抽、米醋、盐和香油，拌均匀。再将香菜段放在菜上面，随吃随拌。

大拌菜

　　大拌菜的食材多种多样，没有一定之规，但是不论怎样变化，都少不了紫甘蓝、生菜、圣女果和彩椒。要求高点可以放苦菊、芝麻菜、鸡毛菜、炸花生等。调料醋少不了，橄榄油或香油、盐、糖、鸡精、辣椒油随意。

江湖门道

1. 许多凉拌菜，尤其是素菜，都存在这样的问题，需要先焯水，而后要快速晾凉。可以将焯过水的菜放到水龙头底下冲洗。但毕竟那是生水，而焯过水的菜是要直接凉拌了下肚的。所以，最好事先预备好凉白开，将焯过水的食材放进去浸泡。浸泡的同时注意要用筷子将食材拨散，不要集聚在一起。

2. 另外，用来拌凉菜的碗或者盆一定要大，如果小了，没办法将调料拌匀，吃起来一会儿咸一会儿淡的。

香味大起底

1. 爱辣的人可以用干辣椒配上点花椒放油锅里微火炸出香味浇在三丝上。

2. 一小把花生米、黄豆或者腰果、核桃仁之类的，也可在油锅里炸酥了，一并浇上去。

3. 可以切入点儿苹果碎或者脆梨末，香甜爽口、脆生生的，别提有多美了。

钵钵鸡

　　所谓钵钵鸡，是近些年来非常流行的成都特色小吃，"钵钵"的意思就是瓦罐，因为最早是在瓦罐里放入麻辣作料，各种菜蔬经过特殊加工后用竹签串了，待凉后浸泡到瓦罐的作料里，想吃什么就拿起什么来。现在流行全国的钵钵鸡只有鸡而不见"钵钵"了。不过，做法虽然有些变化，但是麻辣鲜香的本质却一点儿没变。

菜谱全方位

材料

鸡半只、藕1节

 藤椒油适量、新鲜藤椒1小把、香菜1把、红色小米椒5个

姜1块、蒜瓣6粒、醋适量、盐适量、辣椒油适量、熟白芝麻1勺

工具

砂锅、盆

做法

1
　　将鸡处理干净，洗净控水；将小米椒切碎，姜蒜剁成茸放一旁备用；藕切片，放入热水锅中汆烫2分钟捞起，浸泡在凉白开里。

2
　　泡好的鸡放入凉水锅里，锅中放入新鲜的藤椒，大火煮至水开，5分钟后关火，盖上盖子焖10分钟。然后将鸡捞起来切块，晾凉。

3
　　用小米椒和姜蒜茸用煮过鸡的水调制成汁。

4

　　准备好一个盆，将鸡块放入，放入藕片，加盐调味，拌均匀，淋上蒜蓉水，再倒入适量藤椒油和辣椒油，撒上白芝麻，然后浇上热乎乎的鸡汤，浸泡半小时，使汤汁的味道完全浸泡入鸡块里。

◆ 钵钵鸡里可以放上各种各样的菜蔬，只要你愿意，尽管往里放。

变身秘籍

白斩鸡

　　白斩是保持原汁原味最有效也是最为简便的一种烹饪方法，不加任何调料，先将鸡煮熟了，冷了之后改刀装盘，配上各种调料蘸着吃。好的白斩鸡不是用清水，而是用米汤来做。

　　将一只整仔鸡收拾干净，浸泡出血水。砂锅里煮上一锅米汤，鸡放进去时关火，盖上盖子，利用米汤的热量将鸡慢慢浸熟。半小时后捞起，沥干水，将鸡切块，准备好油盐酱醋糖等作料，调制成料汁。

香味大起底

做钵钵鸡讲究的是一个香麻，这香麻不能是花椒油、辣椒油等所能及的，必须得用藤椒油。藤椒，据说是四川独有的一种调料，与花椒相似，但比花椒味道更香醇。为了图省事，咱们制作时直接用了成品藤椒油，其实，自己现做藤椒油，那味道更香呢。

准备一把新鲜藤椒，洗净沥干水。热锅凉油，油温四成热时将藤椒放入，小火炸1分钟，然后将藤椒连同油一起倒进碗里，用油的余温将藤椒的香气逼出来。

鸡肉要保持鲜嫩，最好是凉水下锅，水开2分钟后就关火，用锅里的热气将鸡肉焖熟。也可以先将鸡斩大件入锅焖熟，出锅后再切成小块。

不论配菜里放藕片还是土豆片，都不要在水里煮太久，只要断生了就要捞起来，放入凉水中迅速降温，这样口感才更脆。

豆苗核桃仁

　　这是一道清口爽脆的美味凉菜，豆苗是春季的时令菜，绿色的豆苗和白色的核桃仁配在一起，光看着就叫人口水欲滴了。吃上一口，满口的清香，豆苗鲜嫩可口、核桃仁香脆中带着丝丝甜味，给人以无比的享受。我们还是赶紧动手，将这道美味爽口小菜端上桌吧。

材料

豌豆苗200克· 核桃仁100克

盐适量· 橄榄油适量

工具

汤锅

做法

1

将豌豆苗去掉根部，洗净备用。

2

核桃仁洗净，头天夜里就泡在清水中，第二天剥掉核桃仁上的膜，再用清水洗净。

◆ 核桃最好用当年新核桃，又香甜又脆脆。

3

将处理好的核桃仁放入凉水锅里，入锅煮三五分钟，捞起沥干水。

4

将豌豆苗和核桃仁放在大碗里，加入适量橄榄油和盐拌匀即可。

◆ 美食也可以这么简单，豆苗可以换成香椿苗、生菜丝。

香味大起底

最好选择初榨橄榄油，第一这种油适合凉拌；第二这种油口感清淡，不会像香油味道那么浓郁，夺了主菜的清香。橄榄油的营养丰富了。对身体好处多多。

另外，在菜里放几粒枸杞子，不仅颜色搭配更好，营养也更全面。

江湖门道

核桃仁营养丰富，尤其以生吃营养损失最少，每年八九月间正是核桃成熟的时候，那种新鲜的核桃仁极容易去膜，口感爽脆清甜，比起生花生美味不少。

如果选用的是干核桃，可以将核桃仁放入凉白开里浸泡，撕去皮再焯水，这样口感也很不错。

老醋菠菜花生米

这也是一道经典而又简单的凉菜，不过比起豆苗核桃仁来，要重口了许多。

先将菠菜摘掉黄叶、根蒂，一片片摘下来，用水冲洗干净，放进去氽烫30秒捞出，放在事先准备好的凉白开里浸凉，挤干净水切成段，放在大碗里备用。花生米用水冲洗干净，沥干水。热锅凉油，花生炸至七八成熟时滴入数滴白酒，趁热关火起锅。取一个小碗，倒入较多的老陈醋，加入适量的香油、盐和少许糖。待花生米凉透之后，浸泡花生，最后倒在菠菜上面。

夫妻肺片

　　夫妻肺片，也是有来历的菜，虽然名为肺片，可是菜中只有牛头皮、牛心、牛舌、牛肚、牛肉，并不用肺，叫"夫妻牛杂"更合适。"夫妻肺片"，肯定与勤奋创业的夫妻相关，事实正是如此。20世纪30年代，一对夫妻在成都制售牛杂，他们的牛杂片大而薄，粑糯入味，麻辣鲜香，细嫩，渣滓极少，深受食客喜爱，所以人们便称之为"夫妻肺片"了。

材料

鲜牛肉一块

牛杂（牛肚、牛舌、牛头皮、牛心等）
若干，花椒、八角、桂皮、陈皮、盐、
料酒适量

醪糟汁1勺、腐乳汁一小勺、辣椒油1勺、酱油1
小勺、胡椒粉小勺、香葱1根、姜1块、蒜瓣3粒

工具

汤锅、擀面杖

做法

1

香葱切成末，姜切片，蒜瓣切成末。

2

将牛肉和牛杂洗净，浸泡出血水，放入锅里，凉水煮开，汆烫2分钟，捞出洗净，沥干水。

3

将汤锅洗净，牛肉和牛杂放入，锅中加足量清水，大火烧开，继续撇去浮沫。撇净浮沫后，用纱布包一个纱布包，里放入花椒、八角、陈皮和桂皮，也放进锅里。往锅里倒入适量料酒、醪糟汁和腐乳汁，放入生姜片，改用中小火煮至牛肉、牛杂熟而不烂，捞起沥干水。

4

取一只碗，倒入卤肉汤，加辣椒油、酱油、胡椒粉、蒜末和少许盐和糖调成味汁。

5

将花生米和芝麻分别入油锅炒熟，用擀面杖碾成小粒和粉状。

6

将卤好的牛肉和牛杂等切成薄片，浇上调味汁拌匀后一片一片码入碗中，撒上葱花、花生和芝麻即可。